118 化学元素

用　元　素　重　新　认　识　万　物

戴　升　张馨予——著

華東理工大學出版社
EAST CHINA UNIVERSITY OF SCIENCE AND TECHNOLOGY PRESS
·上海·

图书在版编目（CIP）数据

画懂科学：118化学元素 / 戴升，张馨予著. — 上海：华东理工大学出版社，2022.8（2024.6重印）
ISBN 978-7-5628-6873-6

Ⅰ. ①画… Ⅱ. ①戴… ②张… Ⅲ. ①化学元素－儿童读物 Ⅳ. ①O611-49

中国版本图书馆CIP数据核字(2022)第132688号

策划编辑 / 王一佼
责任编辑 / 王一佼
责任校对 / 陈婉毓
装帧设计 / 王　翔
插　　图 / 张天琦
出版发行 / 华东理工大学出版社有限公司
地　址：上海市梅陇路130号，200237
电　话：021-64250306
网　址：www.ecustpress.cn
邮　箱：zongbianban@ecustpress.cn
印　　刷 / 上海盛通时代印刷有限公司
开　　本 / 710 mm × 1000 mm　1/16
印　　张 / 11.5
字　　数 / 217千字
版　　次 / 2022 年 8 月第 1 版
印　　次 / 2024 年 6 月第 21 次
定　　价 / 50.00元

前　言

化学是一门在分子、原子尺度研究物质的组成、结构、性质与变化规律的学科。元素周期表中的化学元素既是化学学科的基础，也是我们自然世界的组成单元。人类发现并研究化学元素，总结化学规律与科学原理，正是探索和认知自然的过程。

我们生活中处处可见化学元素的身影：从人类呼吸的氧，到建筑房屋中的铁，再到电子产品中的硅，等等。它们不仅仅局限于枯燥的“必考点”。激发青少年在生活中对化学元素的联想，培养他们主动学习的意识，是编写本书的初衷。我们努力使用生动的漫画配图来介绍生活中的化学知识与有趣的科学佚事，并结合能源、环境、材料等科技前沿进展，让化学元素们从平面化的符号中跃出，活泼地与读者们邂逅。本书特别加入了“元素与中国”的特色版块，着重介绍化学元素与中国历史、中国文化及中国制造等方面的关联，增强读者的民族认同感与自豪感。

在本书的编写过程中，我回想起年少时阅读科普读物的种种往事，类似“玻尔利用王水溶液巧藏诺贝尔金质奖章”的一个个故事让我记忆犹新，它们曾点燃了我对科学的热情与向往，使我立志并最终成为一名科研工作者。我也衷心希望本书能激发并保持读者们对探索自然的好奇心。

感谢本书的合著者张馨予、华东理工大学出版社几位编辑的辛勤付出。谨以此书献给华东理工大学七十周年校庆。

戴升

2022 年 7 月

第一周期

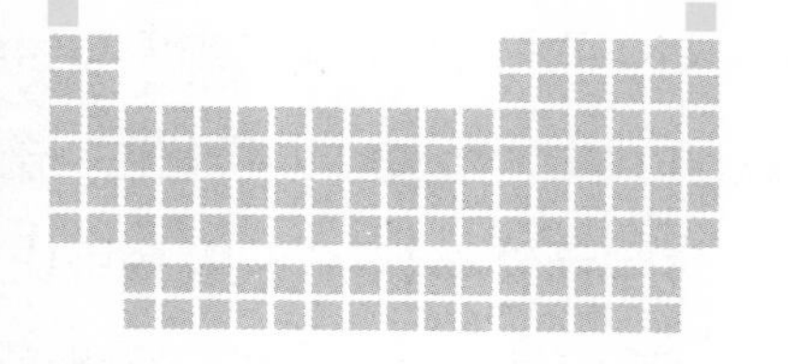

第二周期

第三周期

第四周期

第五周期

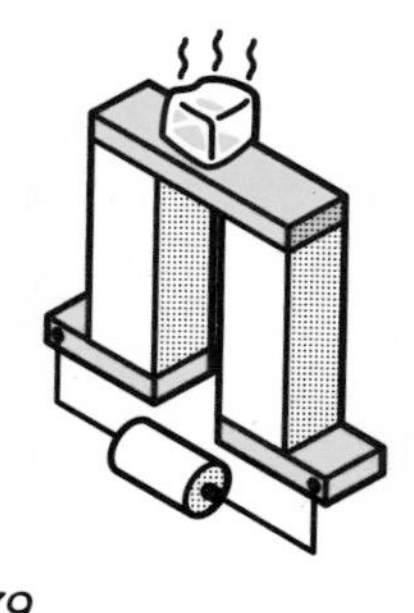

第六周期

第七周期

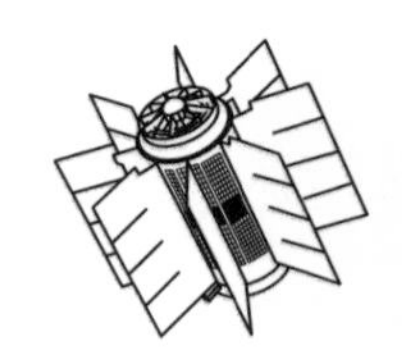

元素是什么

元素是什么

人类关于“元素”这一概念的思想有着悠久的历史，这是人类对物质世界的一种简单归纳。早在古希腊时期，哲学家亚里士多德曾提出了“四元素说”。他认为，世间万物皆由土、气、水、火四种元素组成。这种说法为后世的炼金术师所推崇。炼金术师们错误地认为，只要改变这四种元素的比例，就能使普通金属变为黄金，继而他们孜孜不倦地试图从廉价的铁中获得昂贵的黄金。类似地，古巴比伦和古埃及曾有关于水、空气、土的“三元素说”，中国古代也有关于金、木、水、火、土的“五行说”。直到 15、16 世纪，欧洲医药学家们提出的关于硫、汞、盐的“三元素理论”仍风靡一时。

17 世纪，英国化学家罗伯特・玻意耳通过一系列实验证明了：黄金并不能分解出硫、汞、盐中的任何一种“元素”；砂子和灰碱混合在一起，经加热熔化可变成透明的玻璃，但玻璃再也不会分解成土或水；果汁经过发酵会变成酒精，但它们都不会变成盐或硫。由此，玻意耳对传统的元素观念产生了怀疑，并率先提出了较为科学的“元素”定义：“元素应是具有确定的、实在的、可察觉到的实物。只有那些不能用化学方法再分解的简单物质才是元素。”

从玻意耳的定义中不难看出，“不能用化学方法再分解的”是一个关键定语，这也使得后继的化学家们不断地尝试着“分解”和“提炼”，从安托万－洛朗・拉瓦锡到汉弗里・戴维，再从约翰・道尔顿到德米特里・门捷列夫，这些才华横溢的化学家们带领人类不断探索物质的组成和元素的本质。随着现代科学技术的进步，目前“元素”的科学定义是由国际原子量委员会在 1923 年提出的，其中的“分解”尺度已经细化到了“原子”级别。

我们知道，世界上的万物都是由原子，比如氢原子、氧原子、铁原子等等排列组合而成的。如下图所示，我们对原子进行“分解”：每个原子都是由原子核和核外高速运动的电子组成的，原子核又是由质子和中子组成的（其中，每个质子带一个单位正电荷）。我们把质子所带的正电荷数目叫作核电荷数。那些具有相同核电荷数的一类原子就被称为元素。比如，氧气（O_2）、水（H_2O）和二氧化碳（CO_2）中都含有氧原子，这些氧原子的核电荷数都是 8，我们就可以说这三种物质中都含有氧元素。

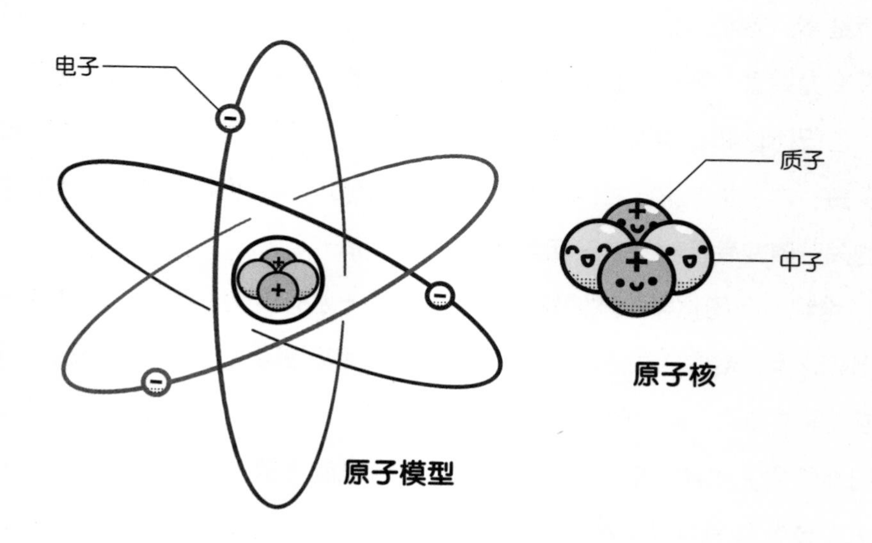

所以，元素是同一类原子的总称，它们描述着物质的宏观组成。截止至 2021 年，人类总共发现了 118 种元素，其中既有地球上存在的自然元素，也有人工合成的人造元素，它们有条不紊地“坐落”在元素周期表中。当你翻过下一页，本书就将带你去认识这一个个化学元素，并通过它们了解世间万物的组成。

名词解释和示例说明

本书中会出现一些与化学相关的专有名词，可在这一部分中找到相应的名词解释和示例说明。

单质 单质是由同一种元素构成的纯净物。例如，氢气（H_2）、氧气（O_2）、氖气（Ne）、铁（Fe）和金（Au）等。

化合物 化合物是由多种元素构成的纯净物。例如，水（H_2O）、二氧化碳（CO_2）、氯化钠（NaCl）和硫酸（H_2SO_4）等。

族和周期 元素周期表中，每一横排称为一个周期，每一纵列称为一个族（其中第 VIII 族包含三个纵列）。例如，氢是第一周期第 IA 族元素，碳是第二周期第 IVA 族元素。

主族元素和过渡金属 元素周期表中，第 1 列、第 2 列以及第 13 ～第 17 列的元素称为主族元素（罗马数字后用 A 表示），第 3 ～第 12 列的元素称为过渡金属（罗马数字后用 B 表示）。

碱金属 元素周期表中，第 1 列（第 IA 族）中除了氢以外的元素称作碱金属。它们的价电子数均为 1。

碱土金属 元素周期表中，第 2 列（第 IIA 族）的元素称作碱土金属。它们的价电子数均为 2。

卤素 元素周期表中，第 17 列（第 VIIA 族）的元素称作卤素，也称为卤族。

镧系元素和锕系元素 镧系元素是原子序数为 57 ～ 71 的 15 个元素的总称，锕系元素是原子序数为 89 ～ 103 的 15 个元素的总称。

原子核 原子核是原子的组成部分之一，它位于原子的中心。原子核由质子和中子组成，原子核整体带正电荷。

核外电子 核外电子也是原子的组成部分之一。在原子中，核外电子带负电荷，占据着原子核周围特定的电子轨道，并围绕原子核运动。

质子和中子 质子和中子都是构成原子核的粒子。其中，质子带正电荷，中子不带电荷。

原子序数 原子的原子核中所含的质子数等于原子序数。

相对原子质量 相对原子质量是一种以碳-12（^{12}C）原子质量的 1/12（约 1.66×10^{-24}g）作为标准的一种计算原子质量的方法。任何一个原子的真实质量和一个 ^{12}C 原子质量的 1/12 的比值，称为该原子的相对原子质量（相对原子质量没有单位）。例如，氢的相对原子质量为 1.008，碳的相对原子质量为 12.01。相对原子质量外的括号表示该元素无稳定的同位素。括号内的数值为该元素相对最稳定的同位素的质量数（质子数 + 中子数）。例如，锝的相对原子质量为（97）。

同素异形体 由同种单一化学元素组成，但因排列方式不同而具有不同性质的单质称为同素异形体。例如，石墨和金刚石是碳元素的同素异形体。因为碳原子的排列方式不同，导致石墨质地柔软，而金刚石质地坚硬。

同位素 质子数相同，但中子数不同的原子互为同位素。同位素在元素周期表中占据同一位置，体现它们相近的化学行为。比如，氢有三种同位素：氕（氢）、氘（重氢）和氚（超重氢）。通常，标明同位素的质量数（质子数 + 中子数）会在元素符号的左上角，例如，^{13}C（碳-13）、^{14}C（碳-14）。

衰变 原子核释放放射性射线（如 α 射线和 β 射线等）后变化为另一种原子核的过程称作衰变。

半衰期 不稳定的元素的原子核会发生衰变，变成其他原子核。半衰期指的是一种不稳定元素的原子核有半数发生衰变所需要的时间。不同元素的半衰期差别很大，短的远小于一秒，长的可达数百亿年。

第一周期

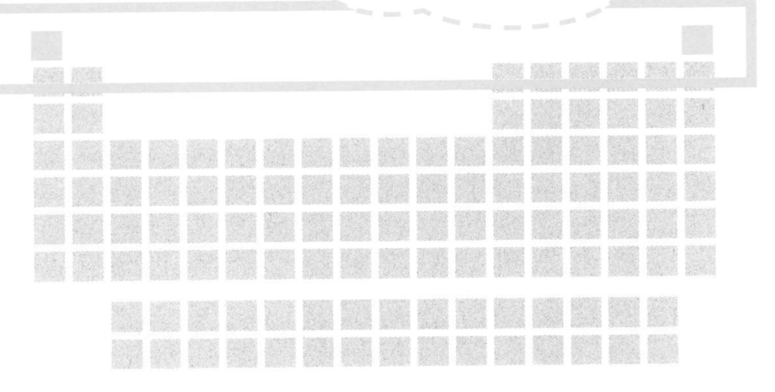

Hydrogen

1 号元素

第一周期
第 IA 族

相对原子质量：1.008

密度：0.09 g/L（0 ℃，1 atm）

熔点：−259 ℃

沸点：−253 ℃

元素类别：非金属

性质：常温下为无色、无味的气体

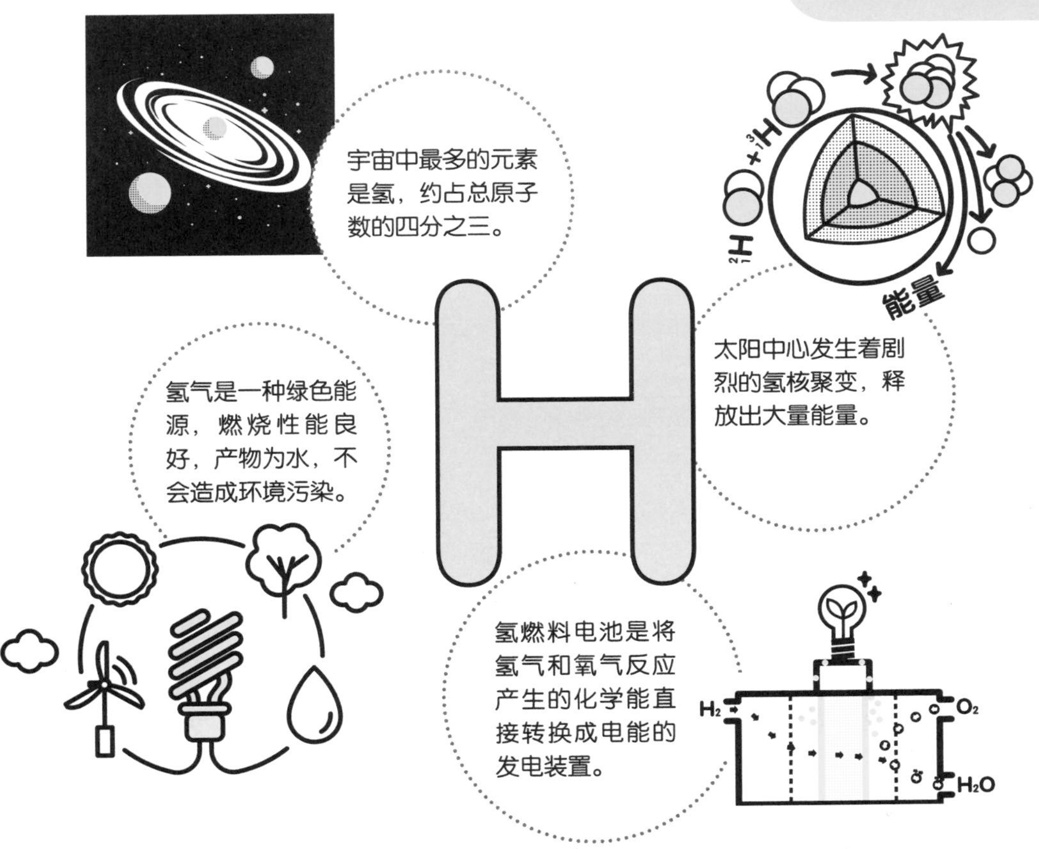

氢位于元素周期表中的第一位。氢的原子结构非常简单，仅由一个质子和一个电子构成。

介 绍

● 氢气是自然界中最轻的气体，也是氢元素最常见的单质形态。氢气有着诸多优点，例如来源广泛、燃烧产物清洁、热值高，被认为是解决化石燃料危机的关键能源之一。

● 氢气的储存和运输一直是一大难题。氢分子的体积小，可进入诸多金属的晶格中，造成“氢脆”现象，导致金属容器报废。氢气一旦泄漏，遇到明火极易爆炸。当前研究发现，一些金属氢化物有可逆吸放氢气的特性，可作为储氢材料应用于氢气储运。

● 氢燃料电池利用了水电解的逆反应，可提高氢能利用的安全性。氢燃料电池工作时，氢气从负极进入，氧气从正极进入，在催化剂作用下，无须点燃可直接将化学能转化为电能。

● 氢有三种同位素：氕、氘和氚。其中，氘和氚的原子核中除了质子外，还分别含有一个和两个中子。

重要反应

➡ 纯净的氢气在空气中安静地燃烧，发出淡蓝色火焰，产物为水：

$$2H_2+O_2 \xlongequal{点燃} 2H_2O$$

➡ 实验室中常用活泼金属和酸反应制备氢气：

$$Zn+2HCl = ZnCl_2+H_2\uparrow \qquad Mg+H_2SO_4 = MgSO_4+H_2\uparrow$$

➡ 氢气具有还原性，可在加热条件下将氧化铜还原为金属铜：

$$H_2+CuO \xlongequal{\triangle} Cu+H_2O$$

氢与中国

● 氢弹是一种威力极大的核武器，它通过氘和氚的核聚变反应释放出大量能量，产生爆炸作用。20 世纪中期，我国科学家于敏曾带领团队对氢弹的基本现象和规律进行深入研究，“白手起家”地自主设计了氢弹构型，并于 1967 年成功试验爆炸了我国第一颗氢弹。于敏院士对我国核武器事业与国防安全做出了重要的贡献，被誉为中国“氢弹之父”。

● 2022 年北京冬奥会上亮相的氢能大巴汽车，使用氢燃料电池，实现零排放、零污染，向全世界传递出了“绿色冬奥”的环保理念。

相对原子质量：4.003

密度：0.18 g/L（0 ℃，1 atm）

熔点：−272 ℃（加压）

沸点：−269 ℃

元素类别：稀有气体

性质：常温下为无色、无味的惰性气体

氦的宇宙存量仅次于氢，处于第二位。但氦气在空气中极其稀有。

介 绍

● 氦原子的最外层仅有两个电子，满足最外层电子满排列结构，化学性质稳定，很难与其他物质发生化学反应。以氦为首的稀有气体在元素周期表中被称为“0 族”，它们连接了强金属活动性的碱金属（第 IA 族）和高电负性的卤素（第 VIIA 族）。

● 氦气的密度很小，在地表上很容易摆脱地球引力的束缚逃逸到宇宙中，故大气中的氦气占比极小。

● 氦气是唯一无法在标准大气压下固化的物质。液体氦的沸点很低，可用来实现接近绝对零度（−273℃）的超低温。包括医用核磁共振成像和低温超导体在内的低温科学实验，都要在液氦冷却的条件下进行。

重点

总结

第二周期

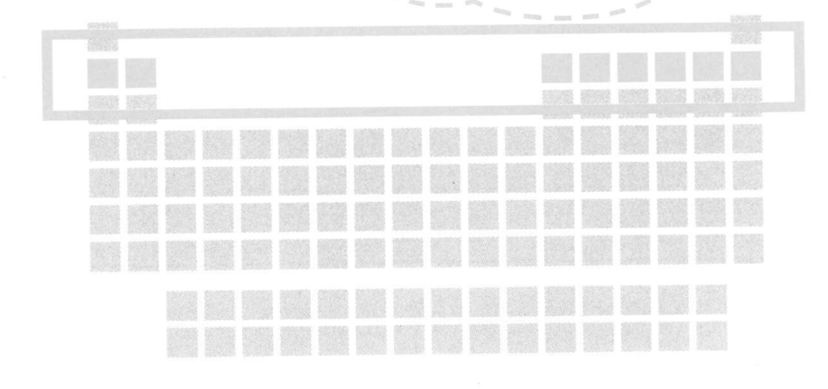

相对原子质量：6.941
密度：0.53 g/cm³
熔点：180 ℃
沸点：1340 ℃
元素类别：碱金属
性质：常温下为一种银白色的轻金属

3 号元素 第二周期 第 IA 族

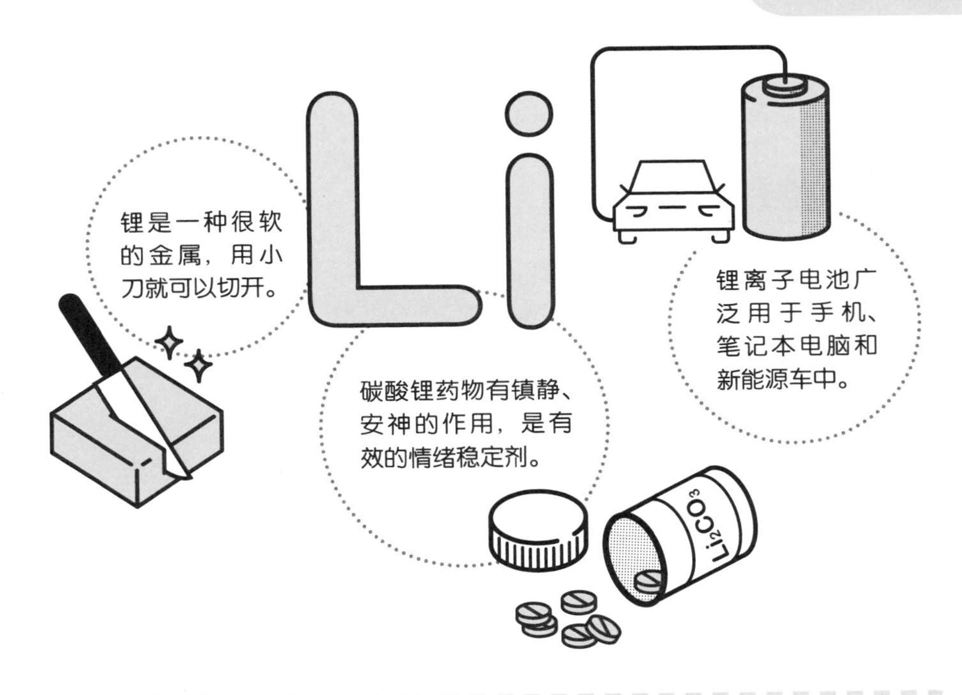

锂是最轻的金属元素，同时它具有很高的反应活性。

介 绍

● 锂的金属活动性极强，能强烈地与熔融合金中的氧、氮、氯、硫等元素反应形成化合物。因此，锂常被用作铜、钢等金属冶炼的脱氧剂与脱硫剂，以去除金属中的有害杂质及缺陷。

● 锂离子电池是率先由日本索尼公司在 20 世纪 90 年代商业化的一种可充电电池。锂离子电池的正极通常为含锂化合物（如 $LiCoO_2$ 等），负极为碳材料。当电池充电和放电时，锂离子便在电池的正、负极之间来回地嵌入与脱出。锂离子电池具备轻便与长寿命的优势，是人类在绿色能源领域的重要发明。2019 年，约翰·古迪纳夫、斯坦利·惠廷厄姆和吉野彰三位科学家因在锂离子电池领域的贡献荣获诺贝尔化学奖。

● 使用锂离子电池供能的新能源车能真正地实现“零排放”，可解决传统汽车环境污染和石油资源紧缺的问题。目前，新能源车中应用较多的锂离子电池正极材料主要分为两类，分别是磷酸铁锂（$LiFePO_4$）与三元镍钴锰酸锂。其中，磷酸铁锂的热稳定性和安全性较好，同时价格相对便宜；三元镍钴锰酸锂则可以通过增加镍的比例，获得较高的能量密度，提供更强劲的动力。

重要反应

➡ 锂可以在氧气中燃烧，生成氧化锂：

$$4Li+O_2 \xlongequal{点燃} 2Li_2O$$

➡ 锂会与水发生剧烈反应，生成的氢氧化锂是一种强碱。由于锂的密度比水小，反应时锂会浮在水面上：

$$2Li+2H_2O \xlongequal{} 2LiOH+H_2\uparrow$$

➡ 锂是唯一的在室温下就可以与氮气发生反应的金属。金属锂暴露在空气中变黑的主要原因是生成了氮化锂：

$$6Li+N_2 \xlongequal{} 2Li_3N$$

➡ 锂离子电池常用钴酸锂作为正极材料，电池充、放电的反应方程式：

$$LiCoO_2+C \underset{放电}{\overset{充电}{\rightleftharpoons}} Li_{1-x}CoO_2+Li_xC$$

锂与中国

● 目前，中国的锂电池产业位居全世界第一，这与我国较早就开始重视锂电池技术中的科学、技术与工程问题密不可分。包括宁德时代、比亚迪在内的多家中国企业都拥有自主创新的锂离子电池技术，已实现了从“中国制造”到“中国智造”的转变。

相对原子质量：9.012
密度：1.85 g/cm^3
熔点：1278 ℃
沸点：2970 ℃
元素类别：碱土金属
性质：常温下呈钢灰色，属于稀有轻金属

铍吸引电子的能力较强。铍及其化合物都有较大毒性。

介 绍

● 铍铜合金是一种密度低但强度高并具有良好延展性的材料，包括钟表在内的许多精密仪器的关键部件均选用铍铜合金。

● 铍是两性金属，它既能与酸反应，又能与碱反应。铍的许多性质与第 IIIA 族的铝很接近，这便是元素周期表中的对角线规则，即锂与镁、铍与铝、硼与硅这三对在元素周期表中处于对角线位置的元素，彼此的性质有许多相似之处。对角线规则也体现出元素周期表排布的合理性以及构思的巧妙性——它不仅说明了元素的本质，更揭示了不同元素之间的内在联系。

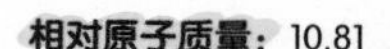

相对原子质量： 10.81

密度： 2.34 g/cm^3

熔点： 2077 ℃

沸点： 3870 ℃

元素类别： 非金属

性质： 有多种同素异形体，其中晶体硼呈黑灰色，无定形硼为棕色粉末

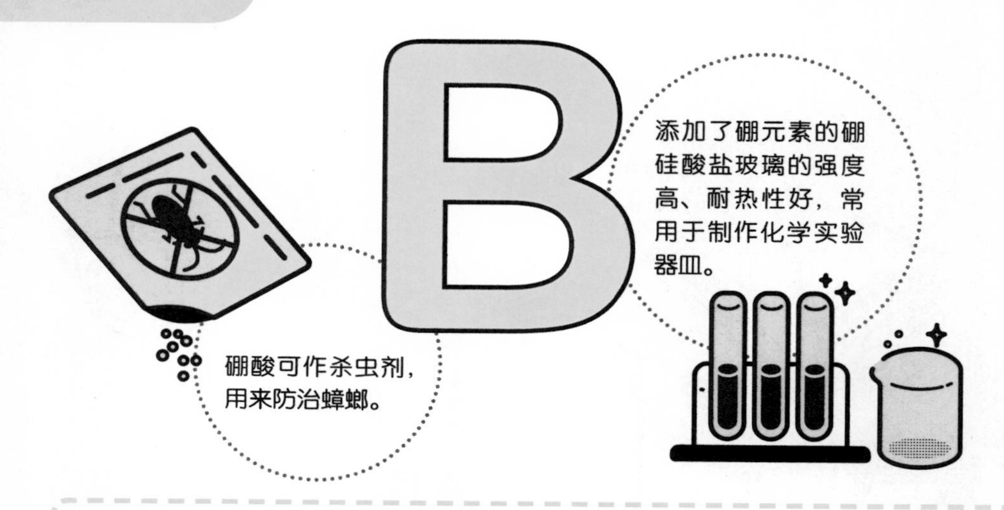

硼是元素周期表第 IIIA 族中唯一的非金属元素。

介 绍

● 硼酸（H_3BO_3）的酸性比碳酸还弱。实验室中常用硼酸来处理强碱造成的皮肤灼伤。

● 硼单质的应用较少，但硼的化合物应用较广。硼砂、硼酸和硼的多种化合物都是化工、建材、医药、农业等产业的重要原料。玻璃、陶瓷、洗涤剂和农用化肥的生产与制造均是硼化物的主要用途。

● 碳化硼（B_4C）是硬度仅次于金刚石的坚硬材料，在装甲涂层、枪炮喷嘴与研磨工具中有着广泛的应用。

● 到目前为止，共有三次与硼相关的化学研究获得了诺贝尔化学奖，分别是 1976 年的硼烷结构研究、1979 年的将硼或磷的化合物引入有机合成的研究以及 2010 年的硼化合物偶联反应研究。

相对原子质量： 12.01

密度： 3.51 g/cm^3

熔点： 3550 ℃

沸点： 4827 ℃（升华）

元素类别： 非金属

性质： 常见的同素异形体有石墨、金刚石和无定形碳

6 号元素

第二周期
第 IVA 族

璀璨夺目的钻石是由金刚石打磨而成的。

吸热能力强的二氧化碳会造成“温室效应”。

富勒烯是一种由碳原子构成的中空分子，也是碳的同素异形体。它的形状酷似足球，因此也被称为足球烯。

铅笔芯的主要成分是石墨。

二氧化碳不可燃、不助燃，可用于灭火。

二维蜂窝状的碳材料“石墨烯”被认为是一种未来革命性的新材料。

碳的同位素碳-14具有放射性，被用于推测古生物化石的年代。

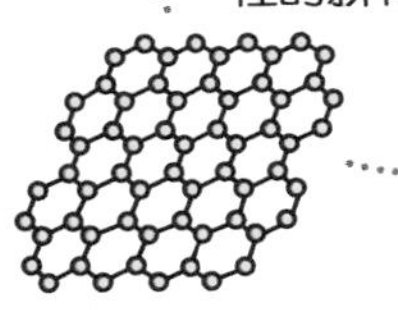

碳是世界上能形成化合物种类最多的元素。丰富的碳的化合物造就了生命的多样性。

介 绍

● 碳对于地球上的生命系统是不可或缺的，它是构成有机物的骨架元素。包

括脂肪、氨基酸、蛋白质、糖在内的多种有机物都是生命产生的物质基础。

● 纳米碳材料是近年来科学研究的热点。碳纳米管、石墨烯和富勒烯分别对应着一维、二维和三维的纳米碳材料。这些纳米碳材料有着特殊的物理性能和化学性能，尤其是石墨烯，兼具了优异的力学、热学、电学与光学等性能，在新能源电池、柔性显示屏、海水淡化、电子器件、催化、生物传感等方面有着广泛的应用前景。2010 年，英国曼彻斯特大学的安德烈·盖姆和康斯坦丁·诺沃肖洛夫因成功发现石墨烯而获得了诺贝尔物理学奖。

● 大量的二氧化碳排放对自然环境有着严重的危害。化石燃料的燃烧排放出大量二氧化碳，同时，大规模的森林被毁导致植物光合作用吸收的二氧化碳量减少。大气中的二氧化碳含量急剧升高，会导致全球范围内的气温上升，以及极地冰川融化、海平面上升等现象，严重影响了地球的生态平衡，使得沿海地区面临着淹没的危险。

重要反应

- 碳在空气中可以燃烧，在氧气充足的条件下充分燃烧可生成二氧化碳，在氧气不充足的条件下不充分燃烧则生成一氧化碳：

$$C+O_2 \xlongequal{点燃} CO_2 \qquad 2C+O_2 \xlongequal{点燃} 2CO$$

- 煤气的主要成分是一氧化碳。一氧化碳燃烧发出蓝色的火焰，生成二氧化碳，并放出大量的热：

$$2CO+O_2 \xlongequal{点燃} 2CO_2$$

- 工业上由炽热的焦炭和水蒸气反应制得一氧化碳和氢气的混合物，俗称“水煤气”：

$$C+H_2O \xlongequal{高温} CO+H_2$$

- 大气中的二氧化碳可通过植物的光合作用转化为糖类和氧气：

$$6CO_2+6H_2O \xlongequal{光合作用} C_6H_{12}O_6+6O_2$$

碳与中国

● 2020 年，中国发布了“碳达峰”和“碳中和”计划。本着人类命运共同体的理念，中国正采取行动，积极应对气候变化，尽早实现碳达峰，并努力争取碳排放量净增为零。这不仅是体现国际责任感的大国担当，也是推动自身结构性改革、建设美丽中国的必然要求。

dàn

氮

Nitrogen

7 号元素 第二周期 第 VA 族

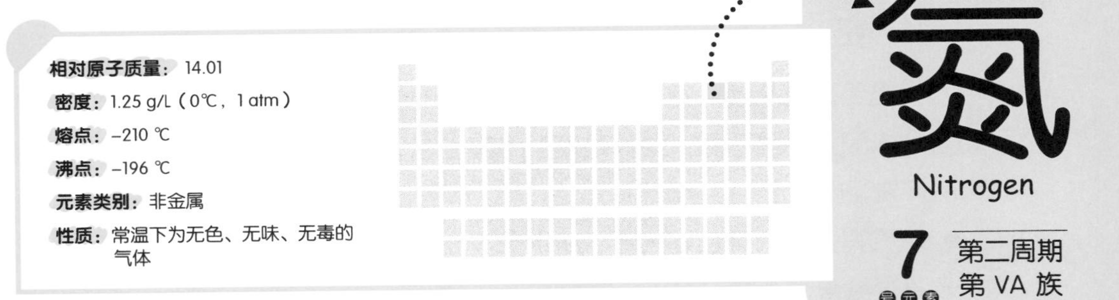

相对原子质量： 14.01

密度： 1.25 g/L（0℃，1 atm）

熔点： –210 ℃

沸点： –196 ℃

元素类别： 非金属

性质： 常温下为无色、无味、无毒的气体

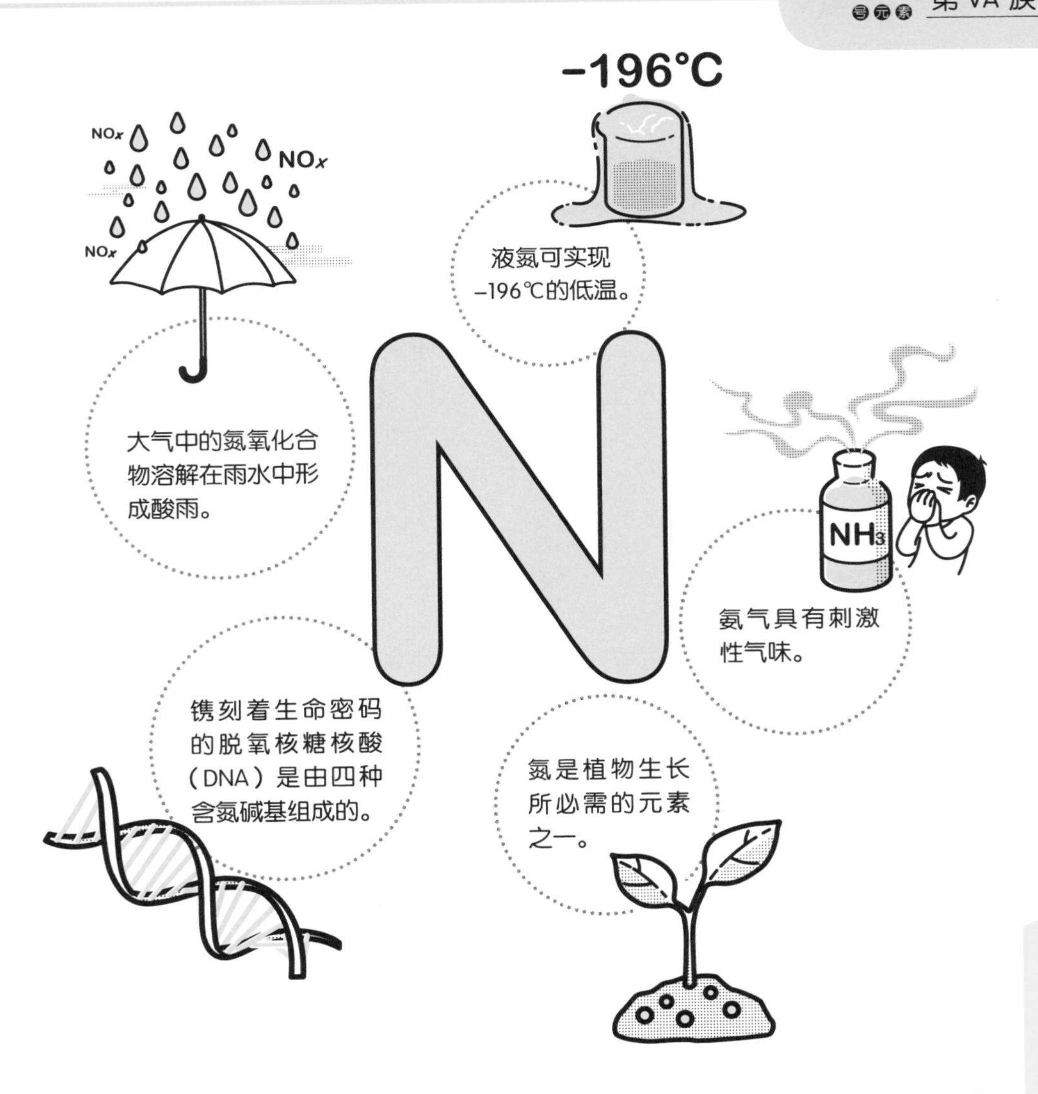

自然界中大部分氮元素以氮气的形式存在，氮气约占大气体积的 78%。氮气分子是最稳定的双原子分子。

介 绍

● 氮是组成氨基酸的基本元素之一。植物的生长离不开氮。当氮源充足时，植物可合成较多的蛋白质，生长迅速，果实也饱满。因此，适量施加氮肥能提高作物的产量和质量。

● 氨气有强烈的刺激性气味，能灼伤皮肤、眼睛和呼吸器官。人体吸入过多的氨气甚至会导致死亡。然而，氨是工业生产上必不可少的化合物，是制造化肥的重要原料。合成氨反应是人工化肥的生产支柱，为人类粮食的生产做出了巨大贡献。

● 氮肥厂、工业窑炉与汽车尾气都会排放出大量的氮氧化物（NO_x，如 NO 与 NO_2 等）。氮氧化物会导致酸雨和光化学烟雾的形成，并消耗臭氧，极大地损害人类的自然环境。

● 硝酸（HNO_3）具有强氧化性，其中氮元素的化合价为 + 5 价。浓硝酸见光或遇热会分解生成二氧化氮，二氧化氮溶于硝酸，使溶液呈浅黄色。因此，浓硝酸通常保存在棕色试剂瓶中，且放置于阴暗处。浓硝酸易挥发，浓度 98% 以上的硝酸也称为发烟硝酸。

重要反应

➡ 点燃的镁条在氮气中不会熄灭，反而会更加剧烈地燃烧起来：

$$3Mg+N_2 \xlongequal{点燃} Mg_3N_2$$

➡ 氮气和氢气在催化剂存在和高温、高压条件下可反应生成氨气，这就是著名的合成氨反应：

$$N_2+3H_2 \underset{高温、高压}{\overset{催化剂}{\rightleftharpoons}} 2NH_3$$

➡ 实验室常用加热铵盐和碱的固体混合物的方式制备氨气：

$$2NH_4Cl+Ca(OH)_2 \xlongequal{\triangle} CaCl_2+2NH_3\uparrow+2H_2O$$

➡ 金属与硝酸反应一般不生成氢气，而生成硝酸盐、氮氧化物和水。硝酸具有氧化性，不同浓度的硝酸的氧化性不同，所得的氮氧化物也不同：

$$3Cu+8HNO_3(稀) \xlongequal{} 3Cu(NO_3)_2+2NO\uparrow+4H_2O$$
$$Cu+4HNO_3(浓) \xlongequal{} Cu(NO_3)_2+2NO_2\uparrow+2H_2O$$

相对原子质量：16.00

密度：1.43 g/L（0 ℃，1 atm）

熔点：–218 ℃

沸点：–183 ℃

元素类别：非金属

性质：常温下为无色、无味、无毒的气体

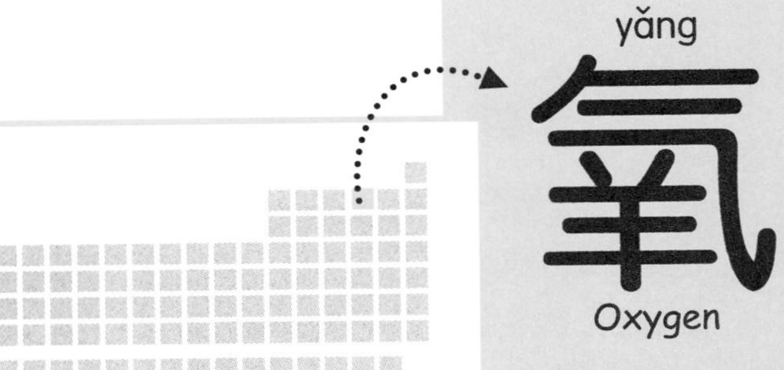

yǎng

氧

Oxygen

8 号元素

第二周期

第 VIA 族

氧气具有助燃性，能使带火星的木条复燃。

光合作用是自然界中氧气的主要来源。

液氧呈淡蓝色，可用作火箭助燃剂。

许多燃烧反应都离不开氧气。

地球大气层中的臭氧可以吸收紫外光，保护我们免受太阳强烈辐射的伤害。

氧元素广泛分布于整个生物圈中。氧气约占大气体积的 21%，同时，氧也以化合态的形式存在于水层和岩层中。

介 绍

● 氧气是一种化学性质活泼的气体，在一定条件下可直接氧化多种元素。除了少数贵金属和稀有气体外，几乎所有元素都能形成含氧化合物，例如常见的二氧化碳、氧化铁、氧化铜等等。氧化物的性质也是门捷列夫确定元素周期律的一大依据。

● 地球上，绝大多数生命体依靠氧来维持生命活动，人类时刻需要氧气供给呼吸。此外，氧气还有着较为广泛的工业应用。例如，氧气的助燃性使其可用于金属的焊接；钢铁产业中的氧气炼钢法通过吹氧，缩短冶炼时间，提高钢铁质量；用氧气代替空气进行有色金属熔炼，可降低能耗、减少有害气体排放。面对巨大的氧气需求，工业上常用液化空气法制取氧气，液化空气法的原理是空气中各气体组分的沸点不同。此外，膜分离技术收集空气中的氧气也成为近年来工业制氧的新思路。

● 氧具有两种同素异形体，分别是由两个氧原子构成的氧气与由三个氧原子构成的臭氧。臭氧具有更强的氧化作用，另外还有杀菌、脱臭的效果。地球大气层的臭氧层可以有效地阻挡紫外线直射到地球表面，是地球生命的保护伞。

● 过氧化氢（H_2O_2）俗称“双氧水”，是一种基本的过氧化物。它的化学性质活泼，对环境友好，是重要的化工原料，作为氧化剂、漂白剂、消毒剂，以数千吨的规模生产。

重要反应

➡ 实验室里常用双氧水溶液或氯酸钾（$KClO_3$）固体的分解反应制备氧气，反应中，二氧化锰（MnO_2）作为催化剂不参与反应。氧气不易溶于水，故生成的氧气可用排水法收集：

$$2H_2O_2 \xlongequal{MnO_2} 2H_2O+O_2\uparrow$$

$$2KClO_3 \xlongequal[\triangle]{MnO_2} 2KCl+3O_2\uparrow$$

➡ 大量金属和非金属都能在氧气中发生燃烧反应，并生成相应的氧化物：

$$2Mg+O_2 \xlongequal{点燃} 2MgO$$

$$3Fe+2O_2 \xlongequal{点燃} Fe_3O_4$$

$$C+O_2 \xlongequal{点燃} CO_2$$

$$S+O_2 \xlongequal{点燃} SO_2$$

相对原子质量： 19.00

密度： 1.70 g/L（0 ℃，1 atm）

熔点： –220 ℃

沸点： –188 ℃

元素类别： 非金属、卤素

性质： 常温下为浅黄色、有刺激性气味的剧毒气体

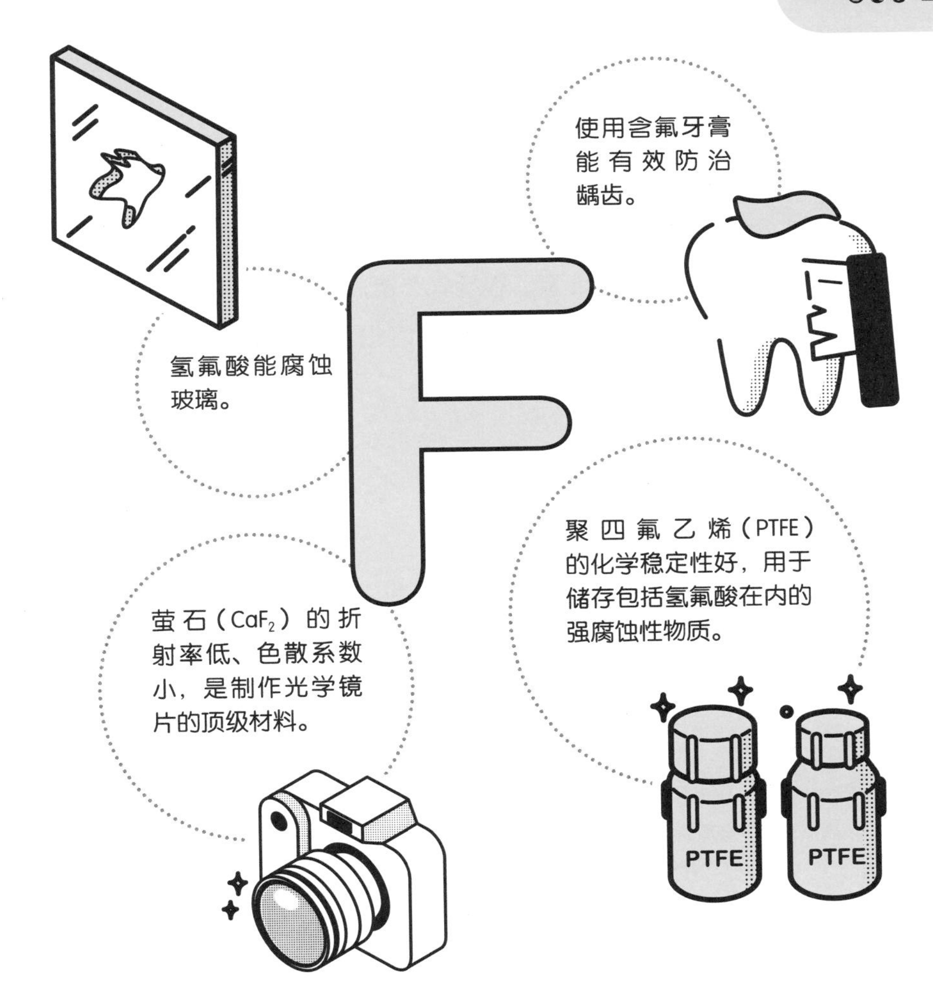

氟是电负性最大的元素，氧化性极强，极易从别的元素那里夺取电子，形成最外层电子满排列的稳定结构。

介 绍

● 氟的化学性质极其活泼，冷的木炭接触氟气就能燃烧。涉及氟的大部分化学反应都很剧烈，也常伴随着爆炸的发生。

● 氟一度被称为“死亡元素”。剧毒的氟气和强腐蚀性的氢氟酸都对人体有着致命的威胁。在研究氟元素的历史中，许多科学家因对它了解得不够深入，未加防护直接暴露于含氟环境而失去了生命。法国科学家亨利·莫瓦桑曾因首次提取氟元素获得了1906年的诺贝尔化学奖，但他因长期接触含氟物质，在此后第二年便不幸离世。

● 特氟龙，化学名称为聚四氟乙烯，是由四氟乙烯聚合而成的高分子化合物（$\lbrack CF_2-CF_2 \rbrack_n$）。这种材料具有超强的抗腐蚀和抗老化能力，在高温和低温下均能使用。我们生活中的不粘锅表面就涂有聚四氟乙烯。

● 元素周期表中的第VIIA族元素，包括氟、氯、溴、碘、砹、鿬，被称为“卤素”，意思是“成盐的元素”。这是因为卤素的化学性质都比较活泼，在自然界中大都以盐的形式存在。

重要反应

氟气与水反应时可以将水中的氢夺走，并释放出氧气：

$$2F_2+2H_2O = 4HF+O_2$$

氟气的化学性质非常活泼，可以与氢气发生爆炸性化合反应，生成氟化氢：

$$H_2+F_2 = 2HF$$

氢氟酸是氟化氢的水溶液，它可以腐蚀玻璃。因此通常选择聚四氟乙烯容器，而不是玻璃瓶来保存氢氟酸：

$$SiO_2+4HF = SiF_4\uparrow+2H_2O$$
$$SiO_2+6HF = H_2SiF_6+2H_2O$$

相对原子质量： 20.18

密度： 0.9 g/L（0 ℃，1 atm）

熔点： –249 ℃

沸点： –246 ℃

元素类别： 非金属、稀有气体

性质： 常温下为无色、无味、无毒的气体

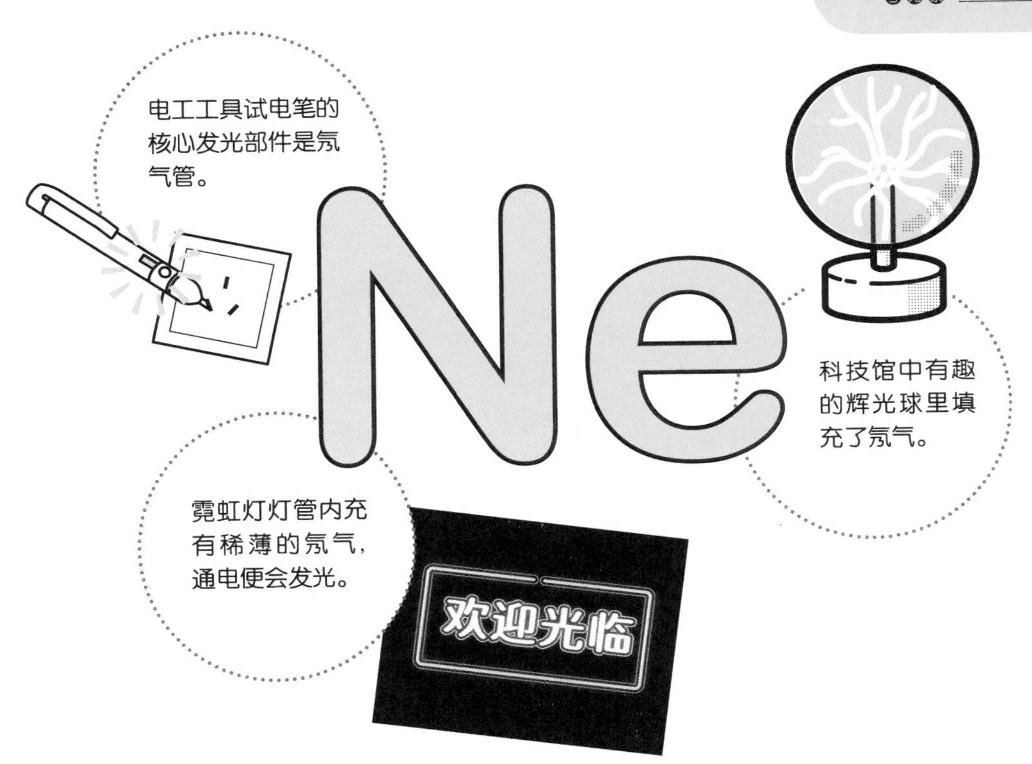

氖为由单原子分子构成的惰性气体，化学性质极不活泼，目前还没有发现氖的稳定化合物。

介 绍

● 稀有气体在通电后受到电场的电离作用，会发出美丽的光芒，这一现象被称为“辉光放电”。绚丽的霓虹灯和有趣的辉光球都是基于这一原理制造的。当人用手碰触辉光球的玻璃罩时，会造成局部的电场分布不均，辉光便在碰触区变得更亮，产生了“光随指动”的有趣现象。

重点
总结

第三周期

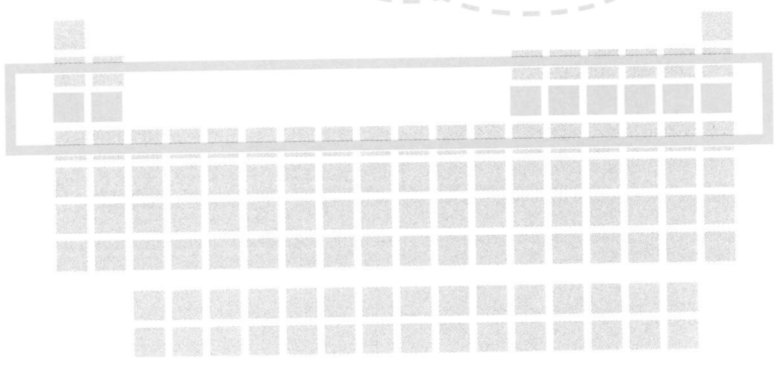

nà

钠

Sodium

11 号元素

第三周期
第 IA 族

相对原子质量：22.99

密度：0.97 g/cm^3

熔点：98 ℃

沸点：883 ℃

元素类别：碱金属

性质：纯净的钠为银白色金属，暴露于空气中因氧化而失去光泽

钠是碱金属中的代表元素，它极易失去最外层唯一的一个电子，化学性质非常活泼。

介 绍

● 钠是人体不可或缺的元素之一。钠离子能调节人体内的水分储量，参与神经和肌肉活动。在日常生活中，我们通过往食物中添加食盐来获取钠元素。然而长期摄入过多的钠，人体需储存更多的水来维持钠离子的浓度平衡，这样会给心脏带来负担，增加患高血压的风险。

● 地球水资源丰富，但其中 96.5% 的水都分布在海洋中，淡水的比例小于水总量的 1%。海水尝起来很咸，这是因为海水中含有大量的氯化钠。海水的盐浓度远高

于人体体液，所以直接饮用海水并不能解渴，反而会破坏人体渗透压平衡，导致脱水。

● 我们日常生活中的大部分清洁用品都与钠相关。例如，肥皂的主要成分是高级脂肪酸钠，洗衣液与洗洁精则都含有烷基苯磺酸钠。这些含钠的“清洁分子”都具有类似的结构——一个疏水基和一个亲水基。清洁分子进入水中后，会形成一个个囊泡状的小球，疏水基在内，亲水基在外。一旦遇到油脂等污渍，这些小球就会裂开，并把油脂包裹起来，疏水基会“扎”进油脂中，把油脂分子“拽”下来。这样，大块的油脂就会被分成许多小块，很容易被流水带走。这就是肥皂和大部分洗涤剂的工作原理。

重要反应

- 钠可以与水剧烈反应并放热。由于钠的熔点低、密度小，反应时钠会熔成一个小球并漂浮在水面上：

$$2Na+2H_2O = 2NaOH+H_2\uparrow$$

- 过氧化钠（Na_2O_2）可与二氧化碳反应，生成氧气，作为二氧化碳吸收剂和潜艇供氧剂：

$$2Na_2O_2+2CO_2 = 2Na_2CO_3+O_2$$

- “联合制碱法”是以氯化钠、二氧化碳、氨和水为原料制取纯碱（Na_2CO_3）的一种制碱工艺。副产物氯化铵可作氮肥，二氧化碳可循环利用：

$$NaCl+CO_2+NH_3+H_2O = NaHCO_3\downarrow+NH_4Cl$$
$$2NaHCO_3 \overset{\triangle}{=} Na_2CO_3+H_2O+CO_2\uparrow$$

- 电解饱和食盐水不能提取钠单质，而是得到氢氧化钠溶液，同时生成氯气和氢气：

$$2NaCl+2H_2O \overset{通电}{=} 2NaOH+Cl_2\uparrow+H_2\uparrow$$

钠与中国

● 纯碱（Na_2CO_3）是一种重要的化工原料。20 世纪初，西方国家垄断制碱技术，造成纯碱价值堪比黄金，由碱制造的肥皂甚至成为奢侈品。1921 年，侯德榜留学回国，担起永利制碱公司的技术重任。他经过长期艰苦努力，攻克了多种技术难题，创立了“联合制碱法”（也称“侯氏制碱法”），自主生产优质纯碱，打破了西方的技术垄断。更难能可贵的是，侯德榜毫无保留地把这项制碱工艺和实践经验写成专著公之于世，让全世界共享这一科技成果。

镁

měi

Magnesium

12 号元素

第三周期
第 IIA 族

相对原子质量： 24.31
密度： 1.74 g/cm^3
熔点： 650 ℃
沸点： 1095 ℃
元素类别： 碱土金属
性质： 常温下为银白色金属

镁所在的第 IIA 族元素被称为“碱土金属”，它们的氢氧化物呈碱性，并且在水中的溶解度不高。

介绍

● 镁的原子序数小，其单质密度低，适合制造轻型合金。镁合金广泛用于空间技术、航空、汽车和仪表等工业中。例如，汽车使用镁合金制造的零部件，可减轻自重，降低油耗。追求轻薄化的移动电子产品也同样青睐于镁合金。镁合金的手机外壳更是利用了其优良的导热性和电磁屏蔽能力，既解决了散热问题，也能减少外界电场对手机通信的影响。

● 叶绿素是一种以镁为中心的有机化合物，是植物进行光合作用的催化剂。植物在叶绿素作用下，吸收太阳的光能，将二氧化碳和水合成富能有机物，同时释放氧气。光合作用既维持了大气的碳－氧平衡，又实现了自然界的能量转换。

● 法国化学家维克多·格林尼亚在 1901 年发明了一种试剂，它是由金属镁和卤代烃在无水乙醚中反应制得的，被称为“格氏试剂”（通式为 R–Mg–X，其中 R 代表有机物基团，X 代表卤素原子）。格氏试剂是一种极其活泼的有机合成试剂，能够参与包括偶联、加成、取代在内的多种类型的反应，在有机合成中具有较高的应用价值。格林尼亚也因发明这种试剂而获得了 1912 年的诺贝尔化学奖。

● 谚语“一物降一物，卤水点豆腐”中的后半句话对应的是在豆浆中加入盐卤制作豆腐的过程。这个能“变魔术”的盐卤的主要成分是氯化镁（$MgCl_2$），它能使豆浆中分散的蛋白质胶粒迅速地聚集到一起，形成胶体聚沉，变为豆腐。

重要反应

➡ 镁在氧气中燃烧生成氧化镁，并发出耀眼白光：

$$2Mg+O_2 \xlongequal{点燃} 2MgO$$

➡ 镁着火后不能用二氧化碳灭火器灭火，因为镁可以在二氧化碳中燃烧：

$$2Mg+CO_2 \xlongequal{点燃} 2MgO+C$$

➡ 氧化镁是一种碱性氧化物，难溶于水，但可以与酸反应：

$$MgO+2HCl = MgCl_2+H_2O$$

➡ 镁是一种活泼金属，可以通过电解熔融氯化镁制得：

$$MgCl_2(熔融) \xlongequal{通电} Mg+Cl_2\uparrow$$

镁与中国

● 中国的镁矿储量丰富，镁矿冶炼和加工能力处于世界首位。2020 年，中国的镁产量高达 88.6 万吨，占全世界镁产量的 80%。中国接近一半产量的镁出口欧洲，德国多家汽车企业用镁都依赖中国的镁出口。

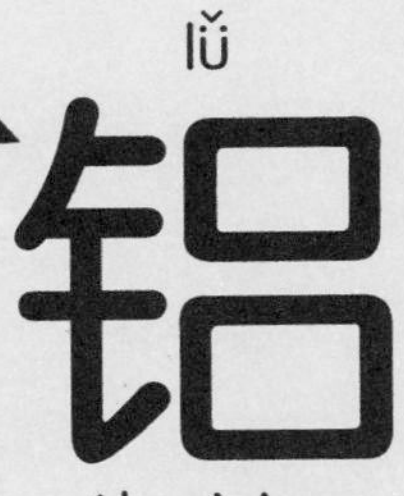

铝

13 号元素　第三周期　第 ⅢA 族

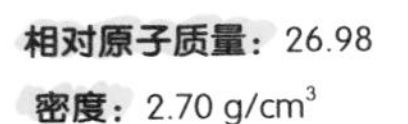

相对原子质量： 26.98

密度： 2.70 g/cm³

熔点： 660 ℃

沸点： 2520 ℃

元素类别： 后过渡金属

性质： 常温下为银白色金属

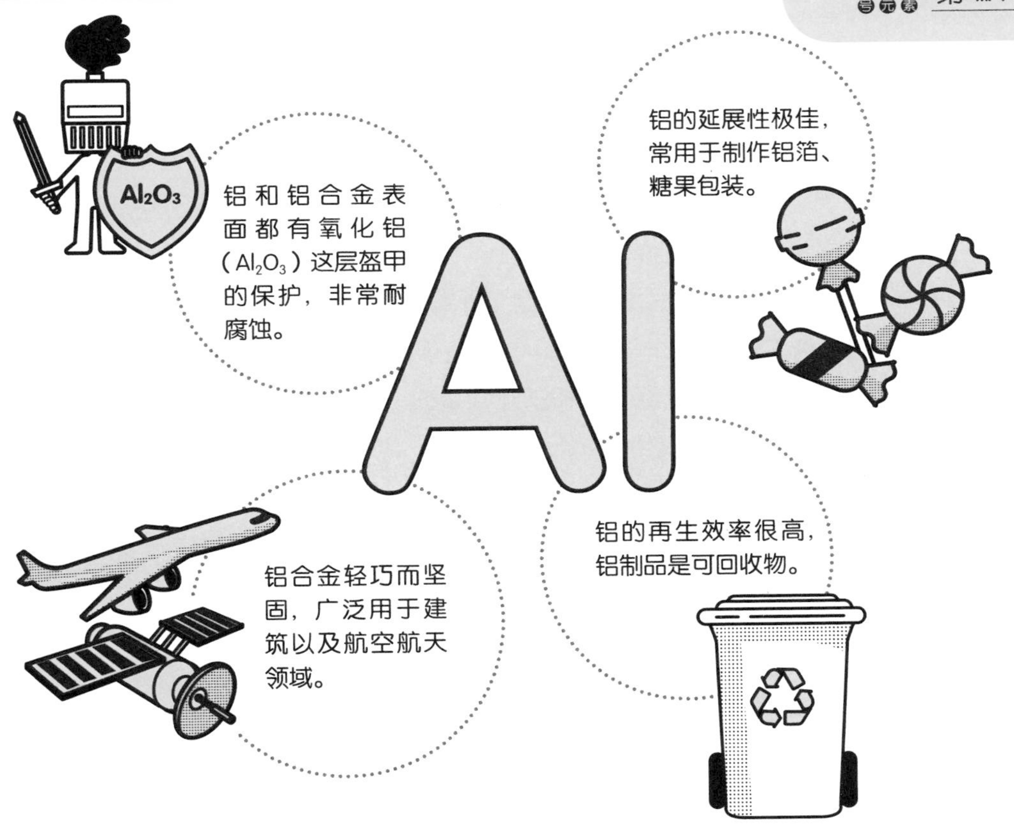

铝处于元素周期表中金属与非金属的分界线上。它既可以与酸反应，也可以与碱反应，是个不折不扣的“两面派”。

介　绍

● 铝是地壳中含量最多的金属元素，但大部分都以化合物的形式存在。直到 19 世纪中期，工业炼铝仍是一个难题，铝的产量极少，这使铝的价格曾一度超过了黄金。拿破仑三世甚至在举行的宴会中，请宾客们使用金银制餐具，而自己使用铝制餐具来凸显地位。1886 年，美国人查尔斯·霍尔和法国人保罗·埃鲁分别独立发明了“电解炼铝法”，这才降低了铝的生产成本，使铝成为我们生活中常用的金属。

● 纯铝存在着强度不够的缺点，因此需要和其他元素“组团”形成铝合金来改善这一问题。例如，含有少量铜、镁、锰等元素的铝合金称为“硬铝”，具有很高的机械强度，用来制造铆钉、飞机螺旋桨和汽车零部件等。常见的防盗门窗和电子产品的外壳也都广泛使用铝合金。

● 大量研究表明，铝对人体有着潜在的毒性。摄入过多的铝元素蓄积在人体内会抑制免疫系统功能，扰乱中枢神经活动。人体内过量铝元素也是阿尔茨海默病的发病因素之一。人体内铝元素的主要来源是超标使用含铝元素的食品添加剂和铝制炊具使用过程中溶出的铝。

● 红宝石和蓝宝石的主要成分都是 α-氧化铝（$\alpha\text{-}Al_2O_3$）。事实上，纯的 α-氧化铝是无色透明的晶体，只有当其中含有杂质离子时，它才会呈现各种不同的颜色。α-氧化铝中含有少量的钛和铁时会呈现蓝色，形成蓝宝石；而氧化铝中掺有铬时会呈现红色，形成红宝石。

重要反应

➡ 铝既可以溶于酸，也可以溶于强碱，是一种两性金属：

$$2Al+6HCl = 2AlCl_3+3H_2\uparrow$$

$$2Al+2NaOH+2H_2O = 2NaAlO_2+3H_2\uparrow$$

➡ 高温条件下，铝可以将活泼性不如铝的金属（如铁）从其氧化物中置换出来。这一反应会放出大量的热，称为“铝热反应”：

$$2Al+Fe_2O_3 \xlongequal{高温} 2Fe+Al_2O_3$$

➡ 在冰晶石溶液中电解熔融氧化铝可制得铝单质，这就是“电解炼铝法”：

$$2Al_2O_3(熔融) \xlongequal[冰晶石]{电解} 4Al+3O_2\uparrow$$

相对原子质量：28.09

密度：2.33 g/cm³

熔点：1412 ℃

沸点：3266 ℃

元素类别：非金属

性质：有两种同素异形体，分别是无定形硅和晶体硅

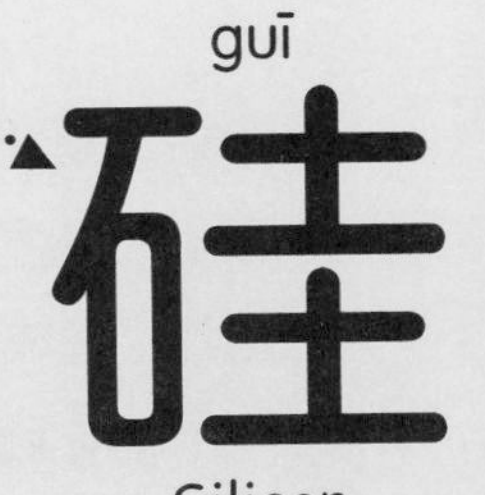

14 号元素 第三周期 第 IVA 族

硅是“信息时代”的核心元素。

介 绍

● 硅是地壳中的含量第二的元素，仅次于氧。地壳中的硅主要以长石、云母、黏土等硅酸盐，以及石英、水晶、玛瑙等二氧化硅的形式存在。

● 半导体是导电性能介于导体与绝缘体之间的物质。高纯的单晶硅是重要的半导体材料。二极管、三极管、场效应管和集成电路（包括计算机芯片和 CPU）的原材料都是硅。美国旧金山湾区因聚集了较多研究与生产半导体的高新科技公司而被称为“硅谷”。

● 二氧化硅是硅的氧化物，是制造玻璃、光导纤维、光学器件的重要原料。二氧化硅结晶后就是水晶，二氧化硅胶化脱水后就是玛瑙。生活中常见的硅胶干燥剂的主要成分也是二氧化硅，它是一种高活性的吸附材料。

● 碳化硅（SiC）是碳硅结合的化合物，它的硬度高、导热性好，能在高温下耐氧化，具有很好的耐久性。碳化硅是航天器热结构部件的理想材料。在航空发动机中应用碳化硅，可进一步提高涡轮进气温度，进而提升发动机效率。同时，应用碳化硅实现了航空器的轻量化，提升了航空器的推重比。

重要反应

➡ 二氧化硅既可以与氢氟酸反应，也能与氢氧化钠反应：

$SiO_2+6HF=H_2SiF_6+2H_2O$　　$SiO_2+2NaOH=Na_2SiO_3+H_2O$

➡ 工业上使用石英砂（二氧化硅）提取硅单质：

$$SiO_2+2C\overset{高温}{=}Si+2CO\uparrow$$

➡ 硅酸是难溶性弱酸。实验室里使用水玻璃（硅酸钠水溶液）和稀盐酸反应制备硅酸胶体：

$$Na_2SiO_3+2HCl=2NaCl+H_2SiO_3$$

硅与中国

● 以二氧化硅为主要原料的玻璃纤维可发生光的全反射，实现光的传导，这就是光纤通信的基本原理。光纤的概念由华人科学家高锟提出，他证明了光纤可用于长距离的信息传递，从此开启了光纤通信的新纪元，并因此贡献获得2009年的诺贝尔物理学奖。我们今天能足不出户享受光纤宽带和移动互联生活，都要归功于光纤通信的发明。

● 硅的主要用途是芯片生产，但中国的芯片技术目前面临着严峻的“卡脖子”问题。多家国产半导体公司都投身于芯片事业，加大对芯片研发工作的重视程度，力争从原材料、设备与技术方面早日实现真正的自主化。

● 中国的陶瓷闻名于世，唐三彩、钧瓷、青花瓷等都具有极高的艺术价值。陶瓷是采用硅酸盐为主要原料在高温下烧制而成的器具。陶瓷是中国古代劳动人民的重要创造，是中华文化的重要载体。

lín

磷

Phosphorus

15 号元素

第三周期
第 VA 族

相对原子质量：30.97

密度：1.82 g/cm^3

熔点：44 ℃（白磷）

沸点：280 ℃（白磷）

元素类别：非金属

性质：常见的同素异形体有白磷和红磷

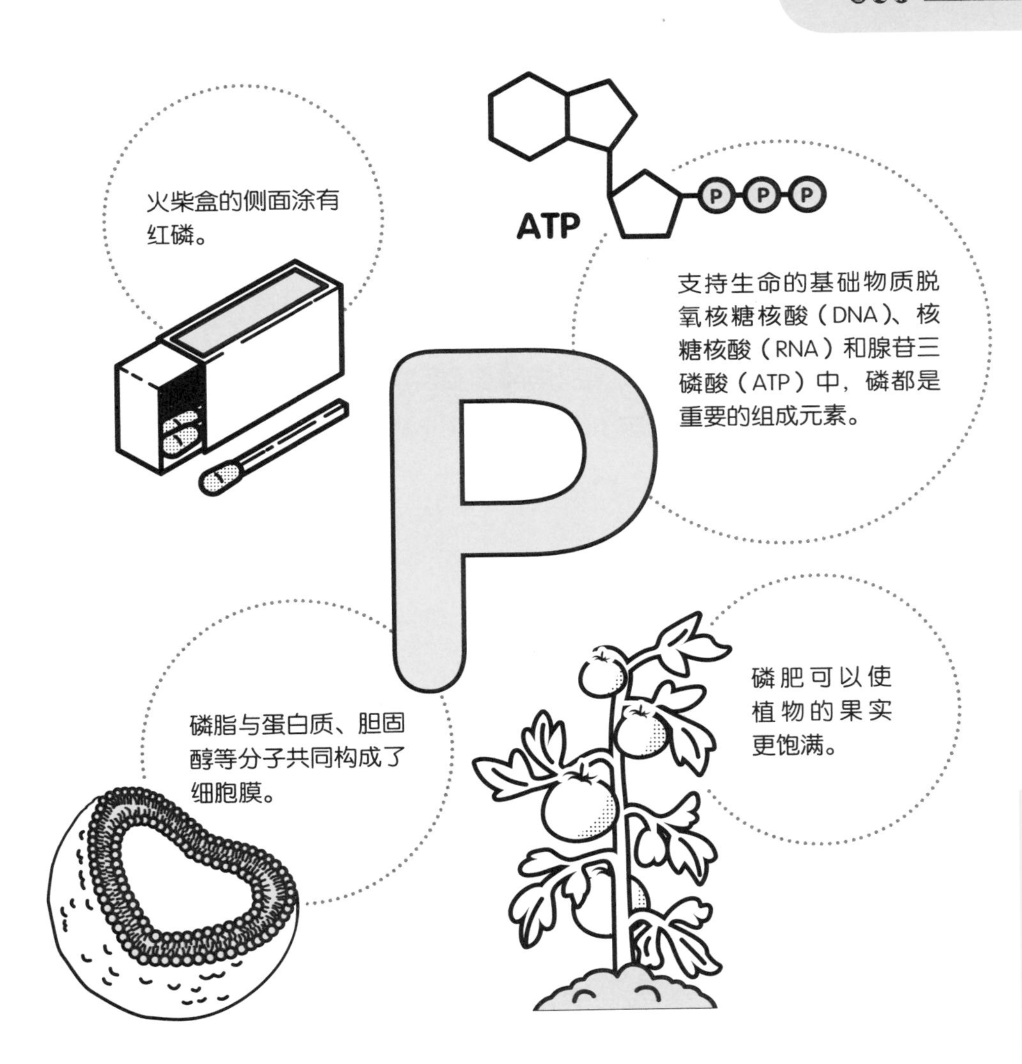

磷在自然界中主要以磷酸盐的形式存在，是动植物体内含量较高的元素。

介 绍

● 17 世纪，德国炼金术师亨尼格·布兰德试图从尿液中提取黄金，结果当他蒸干尿液后没有发现黄金，却意外得到了一种能发出微弱光芒的全新物质——磷。磷的名称也因此取自希腊语“光亮”（phos）和“携带”（phoros）。

● 生命体都离不开磷。人和动物的大脑中都含有磷脂，磷也因此得到“思维元素”之名。骨骼和牙齿的主要化学成分是磷酸盐，青少年需补充足量的磷元素才能保证骨骼的正常生长。人体内糖和脂肪的吸收及代谢也都需要磷。另外，磷也是植物生长的必需元素，磷肥与氮肥、钾肥并称为三大肥料。

● 磷与碳、硫一样，具有多种同素异形体，包括白磷、红磷、紫磷、黑磷等，这些磷的同素异形体根据颜色的不同进行命名区分。生活中常见的红磷无毒且熔点较高，用于制造火柴和烟花爆竹；而白磷却极易自燃且有剧毒，误服会严重腐蚀胃肠道，甚至死亡。

● 沙林（化学名称为甲氟膦酸异丙酯）是一种有机磷化合物。它是一种剧毒的神经性毒剂，通过过度地刺激肌肉和重要器官从而影响神经系统，对人体产生致命效果。1995 年发生的“东京地铁沙林毒气事件” 就是一起利用沙林毒剂造成的恐怖袭击事件。

重要反应

➡ 磷在空气中燃烧生成十氧化四磷（或五氧化二磷）。由于磷不与空气中除氧气外的其他组分反应，所以磷的燃烧可用于测定空气中氧气的含量：

$$4P+5O_2 \xlongequal{点燃} P_4O_{10}$$

$$4P+5O_2 \xlongequal{点燃} 2P_2O_5$$

➡ 酸酐是指与水反应可生成酸的化合物。十氧化四磷溶于热水可生成磷酸，是磷酸的酸酐：

$$P_4O_{10}+6H_2O(热) \xlongequal{} 4H_3PO_4$$

第三周期

liú

硫

Sulfur

16号元素 第三周期 第 VIA 族

相对原子质量：32.07

密度：2.07 g/cm^3

熔点：113 ℃

沸点：445 ℃

元素类别：非金属

性质：常温下为淡黄色脆性结晶或粉末

硫的游离态在地表上分布十分广泛，它是远古时代就为人所知的古老元素。

介 绍

● 纯硫是无味的，但包括硫化氢和甲硫醇在内的许多硫的化合物都具有难闻的气味。

● 历史上，古埃及人曾使用硫燃烧生成的二氧化硫来漂白布匹。古希腊人和古罗马人也掌握了二氧化硫消毒、漂白的原理。荷马史诗《奥德赛》中就有着燃烧硫黄熏蒸消毒的描述。二氧化硫还具有一定的杀菌能力。现代葡萄酒配料中会添加适量的二氧化硫，以保证酵母正常发酵，防止葡萄酒变质。

● 青霉素是一种天然的含硫抗生素，由英国科学家亚历山大·弗莱明发现。

青霉素是人类历史上发现的第一种抗生素，它已拯救了无数人的生命，至今仍被广泛使用。

● 天然橡胶的弹性较小，受热变软，遇冷变硬，容易磨损。在天然橡胶中加入硫进行硫化处理，可以使橡胶分子交联，增加弹性。轮胎、电缆、胶管的生产都用到了这种技术。

● 1952 年 12 月，伦敦城市上空出现了含有高浓度二氧化硫的污染烟雾，史称“伦敦烟雾事件”。这一导致 4000 余人死亡、大量市民患上呼吸系统疾病的灾难，其罪魁祸首便是燃烧化石燃料排放的二氧化硫烟尘。此后，英国政府颁布了《清洁空气法案》，全世界也开始重视空气污染的防治。

● 二氧化硫是大气的主要污染物之一。煤和石油中通常含有硫元素，燃烧时会生成二氧化硫。大气中的二氧化硫是形成硫酸型酸雨的主要原因。酸雨会加速桥梁等建筑物的腐蚀，还显著增加了水体和土壤的酸性，影响生态环境。

重要反应

➡ 硫在氧气中燃烧的火焰呈蓝紫色，生成有刺激性气味的二氧化硫气体：

$$S+O_2 \xlongequal{点燃} SO_2$$

➡ 二氧化硫溶于水生成亚硫酸，亚硫酸进一步被氧化形成硫酸型酸雨：

$$SO_2+H_2O = H_2SO_3 \qquad 2H_2SO_3+O_2 = 2H_2SO_4$$

➡ 浓硫酸具有氧化性。铜不与稀硫酸反应，但可以与浓硫酸反应，加热条件下反应速率会加快：

$$Cu+2H_2SO_4(浓) \xlongequal{\triangle} CuSO_4+2H_2O+SO_2\uparrow$$

➡ 浓硫酸沸点高且不易挥发，可以用来制取盐酸：

$$2NaCl+H_2SO_4(浓) \xlongequal{\triangle} Na_2SO_4+2HCl\uparrow$$

硫与中国

● 历史上许多国家在工业化进程中都曾饱受酸雨的侵害，中国也不例外。2007 年之前，中国的二氧化硫排放量位居世界第一。可喜的是，近年来中国推广烟气脱硫技术和清洁能源技术，对二氧化硫和酸雨的治理成效卓著。2020 年，我国二氧化硫排放量已经从曾经最高值的 2588 万吨下降到小于 700 万吨，已远低于印度等国家。

17 号元素

第三周期
第VIIA族

相对原子质量： 35.45

密度： 3.21 g/L（0 ℃，1 atm）

熔点： –101 ℃

沸点： –34 ℃

元素类别： 非金属、卤素

性质： 常温下为剧毒、有强刺激性的黄绿色气体

氯是卤素中最早被分离出来的元素。人类很早就开始和氯的化合物打交道，从餐食中的食盐，到古代炼金术师使用的王水，都有氯的身影。

介绍

● 自来水在输送至用户前需要经过混凝、沉淀、过滤、消毒等处理过程。我国的自来水厂普遍使用含氯消毒剂对供水进行消毒，国家相关标准对余氯残留量

有严格的限制，不会危及健康。自来水中含有一定量的氯，也可以减少输送过程中的细菌滋生。

● 含氯消毒剂具有高效、便捷的优点，在新型冠状病毒肺炎（COVID-19）疫情防控中“扮演”了“重要角色”。但使用时也需要注意，含氯消毒剂会对眼睛、皮肤造成刺激，不能直接对人喷洒；不能和洁厕灵或酸性洗涤剂混用，否则会生成有毒的氯气，引起不良反应。

● 聚氯乙烯（PVC）是氯乙烯经聚合反应得到的高分子材料，是一种被最广泛生产的合成塑胶。聚氯乙烯材料的耐久性比较高，容易回收，在地面装饰、门帘、广告招牌中被广泛使用。

● 氯气、光气（$COCl_2$）、芥子气（$C_4H_8Cl_2S$）等氯系气体都具有毒性。第一次世界大战中，德军首次使用氯气对英军造成了大规模的杀伤。随后，光气和芥子气等剧毒物质也在战争中被用作化学武器。日军也曾在侵华战争中对中国军民使用芥子气。国际社会签订的《禁止化学武器公约》于 1997 年生效，以禁止任何成员国使用化学武器，鼓励和平地利用化学知识。

重要反应

实验室里常用二氧化锰和浓盐酸在加热的条件下反应制取氯气：

$$MnO_2+4HCl(浓) \overset{\triangle}{=\!=} MnCl_2+2H_2O+Cl_2\uparrow$$

氯气十分活泼，能和多种金属化合，生成金属氯化物：

$$2Na+Cl_2 \overset{点燃}{=\!=} 2NaCl$$

$$Cu+Cl_2 \overset{点燃}{=\!=} CuCl_2$$

$$2Fe+3Cl_2 \overset{点燃}{=\!=} 2FeCl_3$$

氢气在氯气中安静地燃烧，发出苍白色火焰，生成氯化氢气体。氯化氢气体能与空气中的水结合形成小液滴，故盛有氯化氢气体的瓶口可以看到缕缕白雾：

$$H_2+Cl_2 \overset{点燃}{=\!=} 2HCl$$

漂白粉的作用原理是有效成分次氯酸钙与空气中的二氧化碳和水接触，生成具有漂白性的次氯酸：

$$Ca(ClO)_2+CO_2+H_2O =\!= CaCO_3\downarrow+2HClO$$

相对原子质量： 39.95

密度： 1.78 g/L（0 ℃，1 atm）

熔点： –189 ℃

沸点： –186 ℃

元素类别： 稀有气体

性质： 常温下为无色、无味、无毒的气体

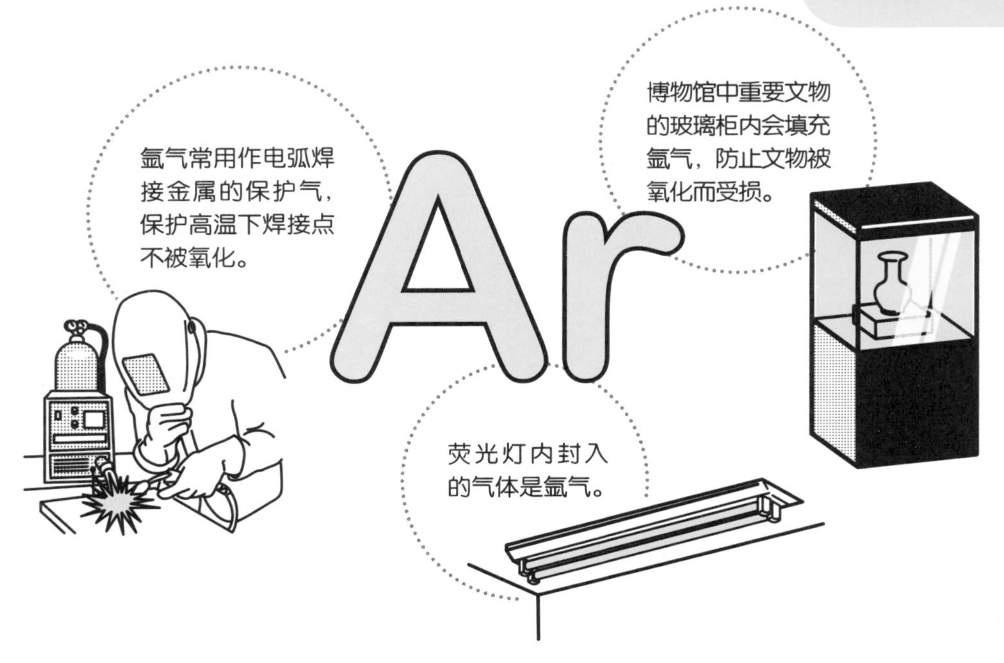

氩气是大气中含量最多的稀有气体，也是最早被发现的稀有气体。

介 绍

● 19 世纪末，英国科学家瑞利发现：从氨制得的氮气密度与空气中除去氧气、水蒸气和二氧化碳得到的氮气密度有着大约千分之一的差别。瑞利认为该数据已超出了实验误差范围，便如实发表了这一结果。英国化学家威廉 · 拉姆塞注意到了瑞利的论文，他推测空气中可能含有一种未知的气体。在大量实验之后，瑞利和拉姆塞终于发现了氩气，两人也因此分别获得了 1904 年的诺贝尔物理学奖和化学奖。氩元素的发现源于这千分之一的微小差别，这体现出了严谨的科学探索精神。

重 点
总 结

第四周期

相对原子质量： 39.10

密度： 0.86 g/cm^3

熔点： 64 ℃

沸点： 765 ℃

元素类别： 碱金属

性质： 纯净的钾为银白色金属，暴露于空气中表面呈蓝灰色

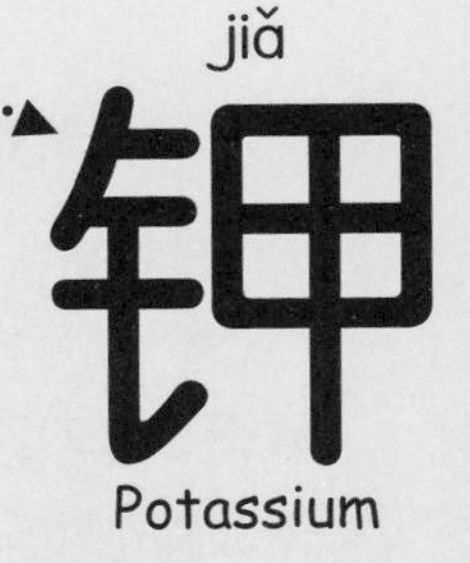

19 号元素 第四周期 第 IA 族

钾在自然界中不能以单质的形态存在，它以盐的形式广泛分布于陆地和海洋中。

介 绍

● 钾是植物生长必不可少的元素。钾参与植物中的酶系统活化、光合作用、碳水化合物代谢和蛋白质合成等过程。植物缺钾会导致叶子发黄、变褐、焦枯。植物本身无法产生钾，需通过施加钾肥，补充植物所需的钾。

● 钾离子和钠离子在人体中的关系非常紧密——人体补充钾可以抑制钠的吸收，钾和钠之间的这种现象称为“拮抗作用”。因此，钾的功能之一便是降低血压。

“低钠盐”是将一部分氯化钠替换成氯化钾，以平衡饮食中钾和钠的摄入，有利于稳定血压、预防心血管疾病的一种健康食盐。

● 钾与许多物质都可以形成钾盐，钾盐在生活中有着广泛的应用。例如，硫酸钾（K_2SO_4）常作为钾肥使用；碳酸钾（K_2CO_3）则是重要的化工原料，可用作气体吸附剂和干粉灭火剂。

重要反应

- 钾与水能反应生成氢气，并且反应极为剧烈：

$$2K+2H_2O = 2KOH+H_2\uparrow$$

- 钾在过量的氧气中燃烧生成超氧化钾，而非过氧化钾：

$$K+O_2 \xlongequal{点燃} KO_2$$

- 超氧化钾在吸收二氧化碳的同时释放出氧气，可作为封闭空间中的氧源：

$$4KO_2+2CO_2 = 2K_2CO_3+3O_2$$

钾与中国

● 火药是中国古代四大发明之一，由硝石（硝酸钾）、硫黄和木炭混合而成。火药起源于中国春秋时代的炼丹术。炼丹方士们在炼丹过程中掌握了基本化学方法，发现硝石、硫黄和木炭三种物质可以构成一种极易燃烧的药，就是火药。后来，火药从中国传入欧洲，彻底改变了欧洲的战争进程，推进了人类的历史发展。

● 植物燃烧后的灰烬被称为草木灰，主要成分为碳酸钾，是一种成本低廉且易获取的农家肥。中国作为农业大国，许多农村在很长一段时间内都是通过焚烧农作物秸秆来制得草木灰的。但是，大量焚烧秸秆会造成环境污染，还可能酿成火灾。中国在建设美丽乡村的过程中，开始对农村秸秆进行综合利用，如将秸秆转化成饲料、燃料以及生物乙醇，这些都是极具前景的策略。

gài

钙

Calcium

20 号元素

第四周期
第 IIA 族

相对原子质量：40.08

密度：1.55 g/cm^3

熔点：842 ℃

沸点：1503 ℃

元素类别：碱土金属

性质：常温下为银白色金属

钙是人体中含量最多的金属元素。自然界中最常见的含钙物质为碳酸钙，大理石、石灰石等岩石的主要成分就是碳酸钙。

介 绍

● 钙是人体内最普遍的元素之一，被称为“生命中的钢筋混凝土”。人体内的钙主要存在于骨骼和牙齿中。钙元素摄入量不足会影响生长发育和身体健康，儿童缺钙容易导致发育迟缓，成人缺钙则会增加骨折或患上软骨病、骨质疏松的风险。

● 钟乳石是自然界发生化学反应而生成的特有产物。钟乳石的主要成分是碳酸钙，主要形成于碳酸盐岩地区的洞穴内。溶有二氧化碳的水渗透到石灰石的缝隙中，溶解其中的碳酸钙，生成可溶性的碳酸氢钙。这些溶有碳酸氢钙的水从洞顶滴下时发生分解反应，再生成碳酸钙固体而沉积下来。经过上万年的时间，这样往复的化学反应形成了层次错落的钟乳石。

重要反应

➡ 金属钙非常活泼，常温下与水剧烈反应，生成氢氧化钙和氢气：

$$Ca+2H_2O = Ca(OH)_2+H_2\uparrow$$

➡ 高温煅烧石灰石能得到生石灰（氧化钙）：

$$CaCO_3 \xlongequal{高温} CaO+CO_2\uparrow$$

➡ 生石灰溶于水制得熟石灰（氢氧化钙），同时放出大量的热：

$$CaO+H_2O = Ca(OH)_2$$

➡ 碳酸钙难溶于水，但能溶于含二氧化碳的水中，产生可溶于水的碳酸氢钙，碳酸氢钙不稳定，受热易分解为碳酸钙：

$$CaCO_3+CO_2+H_2O = Ca(HCO_3)_2$$

$$Ca(HCO_3)_2 = CaCO_3+CO_2\uparrow+H_2O$$

钙与中国

● 在科学家发现钙元素之前，钙就被广泛应用在建筑当中。早在公元前7世纪，中国便开始从石灰石中煅烧生石灰用于房屋建筑。考古研究发现，我国不少历史建筑的居住面都涂刷了石灰浆。从商周时期的高台建筑，到秦汉时期的砖瓦建筑，再到明清时期的紫禁城，石灰的烧制和使用都非常成熟，甚至屹立千年不倒的长城在垒砌过程中也使用了石灰作为黏合剂。

相对原子质量： 44.96

密度： 2.989 g/cm³

熔点： 1539 ℃

沸点： 2831 ℃

元素类别： 稀土、过渡金属

性质： 常温下为银白色金属，表面因氧化而略显金色

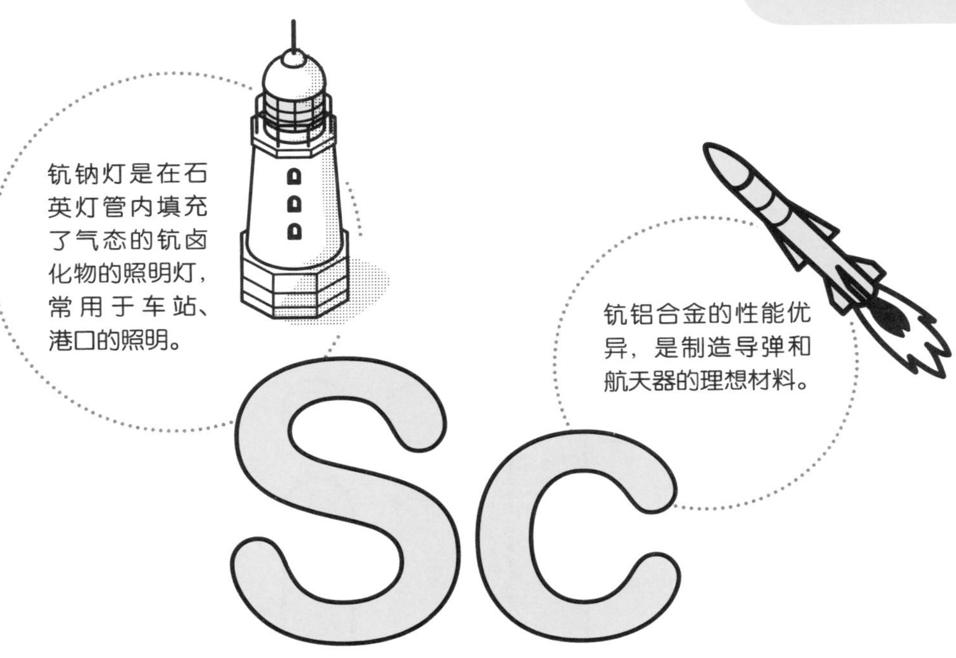

钪在自然界中的矿藏分散，因此它的分离冶炼难度大，产量很少。

介 绍

● “稀土元素”是元素周期表第 IIIB 族钪、钇以及镧系元素的统称。稀土元素并不“稀有”，只是过去用于提取这类元素的矿石较稀少；稀土元素也不是“土”，是人们习惯将难溶氧化物称为“土”，故得名“稀土”。稀土元素有着优良的光电磁特性，能与其他材料组成性能各异、品种繁多的新型材料，是国防科技、金属冶炼和工业催化等领域不可或缺的关键材料，被誉为“工业维生素”。中国的稀土资源储量丰富，是重要的战略资源。

22号元素 第四周期 第ⅣB族

相对原子质量： 47.87

密度： 4.54 g/cm^3

熔点： 1666 ℃

沸点： 3289 ℃

元素类别： 过渡金属

性质： 常温下为银白色金属

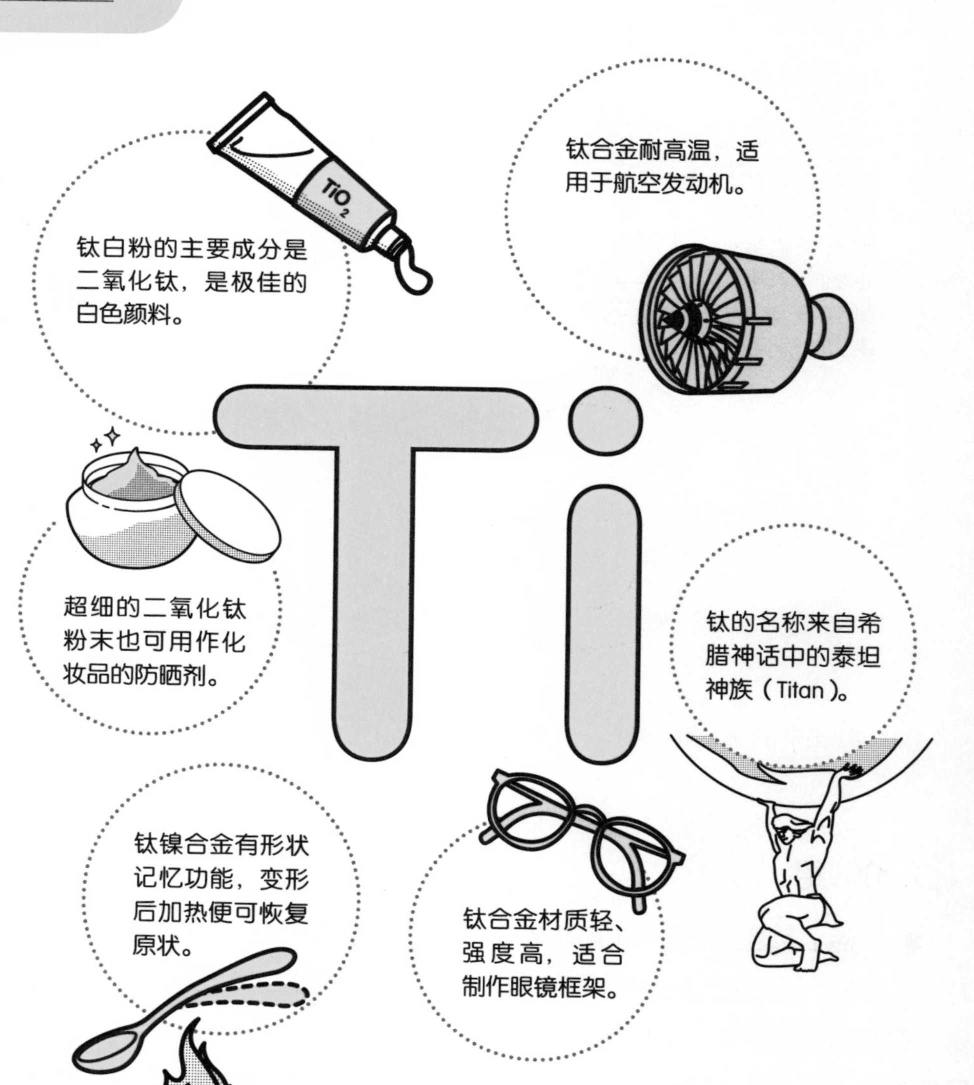

钛的优良性能使它成为引人注目的新型材料，钛及其合金被誉为“现代金属”。

介绍

● 钛及钛合金被称为“空间金属”，具有质量小、强度高，又耐高温、耐腐蚀的特性。在飞机的高温部位，钛合金可取代高温性能不能满足要求的铝合金；在航天器发动机的压气机部位，钛合金则可取代高温合金和不锈钢。目前，世界上生产的钛及钛合金，约有四分之三用于航空航天领域。

● 钛在医疗领域有着广泛的应用。钛对人体组织具有良好的生物相容性，且无毒副作用。采用钛及钛合金制造人造骨头、人造关节及紧固螺钉等金属件，将它们移植到人体中的治疗方法取得了良好的效果。

● 二氧化钛是最具代表性的光催化材料，能在光照条件下获得氧化还原能力，将有机物降解为二氧化碳和水。二氧化钛光催化技术是一种高效、环保的净化技术。

重要反应

高温（500~600℃）下，金属钛与氧气发生反应，生成二氧化钛：

$$Ti+O_2 \xlongequal{高温} TiO_2$$

钛有着良好的抗腐蚀性能，只会被特定的酸（如氢氟酸）腐蚀：

$$2Ti+6HF = 2TiF_3+3H_2\uparrow$$

23 号元素

第四周期
第 VB 族

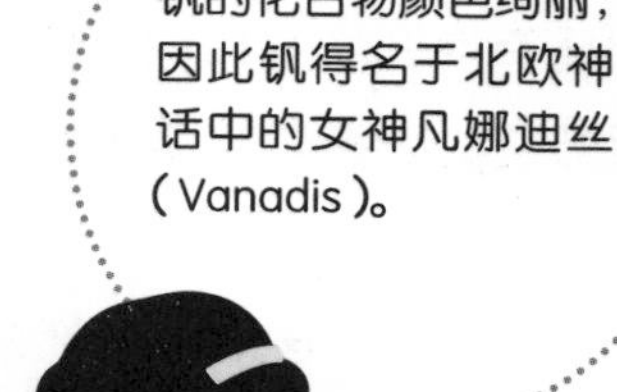

相对原子质量：50.94

密度：6.11 g/cm³

熔点：1917 ℃

沸点：3420 ℃

元素类别：过渡金属

性质：常温下为银灰色金属

钒的化合物颜色绚丽，因此钒得名于北欧神话中的女神凡娜迪丝（Vanadis）。

坚硬的含钒钢铁被用于制造钢轨和船舶。

钒的化合物可用于制作彩色玻璃。

海底生物海鞘的血液中含有大量的钒。

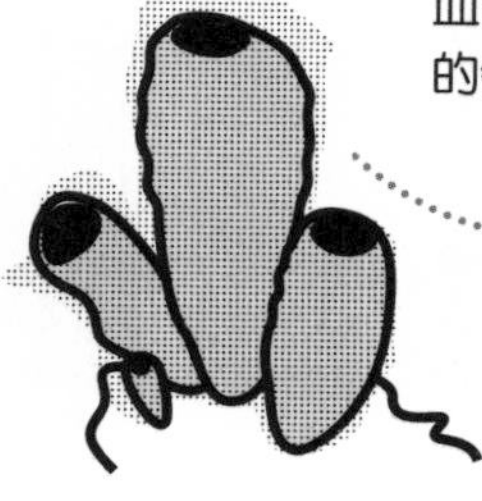

钒是一种难熔金属，不易腐蚀。自然界中，钒的分布十分分散，几乎没有钒含量很高的矿床。

介绍

● 钒的不同化合物常具有丰富的颜色，这主要是因为钒有多种价态。例如，三氧化二钒为棕黑色，二氧化钒为深蓝色，五氧化二钒为橙红色。这些色彩缤纷的钒类化合物可制成颜料和墨水。

● 钒的主要用途是合金添加剂，钒是冶金行业中不可或缺的重要元素。例如，在钢铁材料中加入钒能有效提高钢的强度、韧性和耐磨性。在钛合金中加入钒也能起到显著的改良作用。作为“金属维生素”的钒在汽车、铁路和航天航空等领域被广泛使用。

● 钒电池是一种新型环保储能装置，它以不同价态的钒离子溶液作为电池的正、负极在回路中循环，将化学能转化为电能。与其他化学电池相比，钒电池具有功率大、容量大、效率高和寿命长等优点，适合作为电网储能和应急电源使用。

重要反应

钒有着多种氧化物。当金属钒在空气中加热时，钒氧化生成三氧化二钒和二氧化钒，并最终成为稳定的五氧化二钒：

$$4V+3O_2 \xlongequal{\triangle} 2V_2O_3$$
$$V+O_2 \xlongequal{\triangle} VO_2$$
$$4V+5O_2 \xlongequal{\triangle} 2V_2O_5$$

工业上用焦炭或铝在高温条件下还原五氧化二钒，生产金属钒：

$$5C+2V_2O_5 \xlongequal{高温} 4V+5CO_2\uparrow$$
$$10Al+3V_2O_5 \xlongequal{高温} 6V+5Al_2O_3$$

铬

gè

Chromium

24 号元素

第四周期
第 VIB 族

相对原子质量： 52.00
密度： 7.19 g/cm^3
熔点： 1857 ℃
沸点： 2672 ℃
元素类别： 过渡金属
性质： 常温下为银白色金属，在空气中不易失去光泽

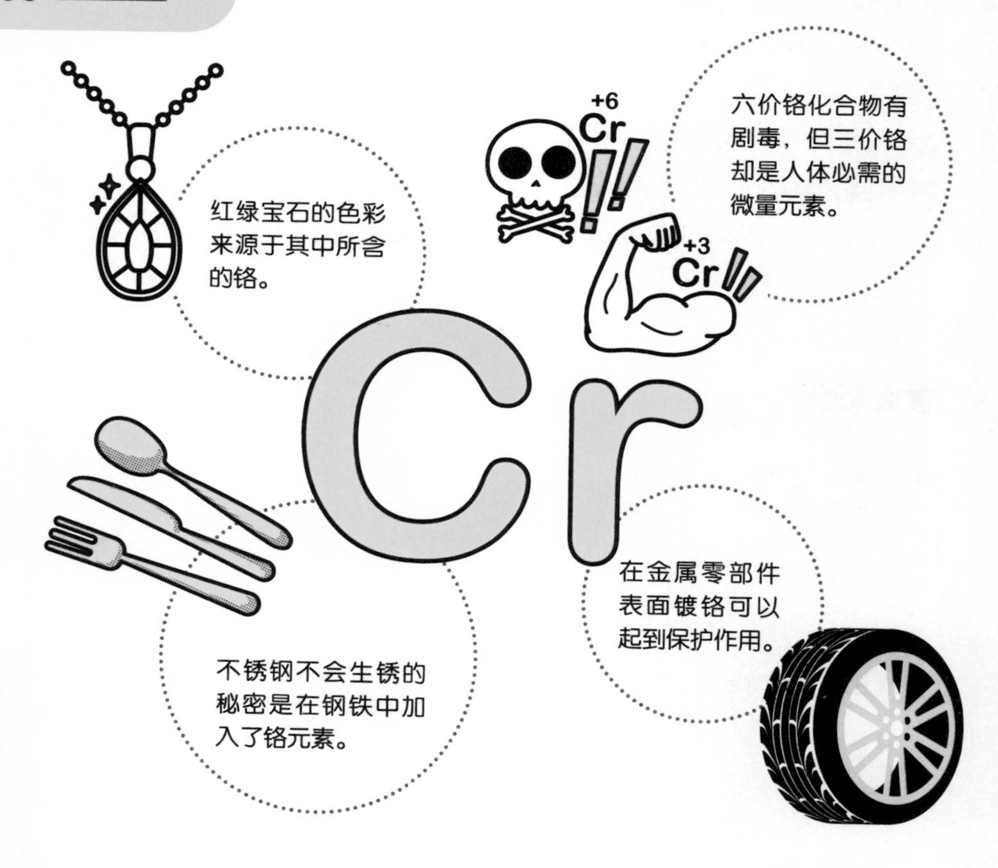

铬是自然界中硬度最大的金属单质。铬的化学性质不活泼，有较强的耐腐蚀性。

介绍

● 铬是不锈钢的核心元素。第一次世界大战期间，英国科学家亨利·布雷尔利为解决步枪枪膛的磨损问题，研制了一种含大量铬的合金钢。虽然这种含铬钢耐

第四周期

磨性不佳，无法用于枪支，但他意外发现这种亮晶晶的含铬钢耐腐蚀、不生锈，适合用作餐具。现今，不锈钢在建材与生活用品方面的应用随处可见。从化学角度来说，不锈钢中铬元素的作用是将合金钢的电极电位由负变为正，从而阻止电化学腐蚀的发生。

● 通过化学电解的方法可以将闪亮的铬层镀在金属器件表面，不仅美观，而且能起到防锈作用。将待镀的物件浸泡在含铬的电镀液中，通电使金属器件带负电荷，吸引溶液中带正电荷的铬离子。铬离子获得电子后重新变成铬原子附着在金属上表面，就能得到一层均匀的金属铬膜。

重要反应

一些金属离子的铬酸盐难溶于水，且呈现出鲜艳的特征颜色：

$$Ba^{2+}+CrO_4^{2-} = BaCrO_4\downarrow$$（黄色）

$$Pb^{2+}+CrO_4^{2-} = PbCrO_4\downarrow$$（黄色）

$$2Ag^{+}+CrO_4^{2-} = Ag_2CrO_4\downarrow$$（砖红色）

重铬酸根在酸性溶液中有强氧化性，可用于测定二价铁离子的含量：

$$6Fe^{2+}+Cr_2O_7^{2-}+14H^{+} = 2Cr^{3+}+7H_2O+6Fe^{3+}$$

三氧化二铬为深绿色固体，既可溶于酸，也可溶于强碱：

$$Cr_2O_3+6HCl = 2CrCl_3+3H_2O$$

$$Cr_2O_3+2NaOH \xlongequal{\triangle} 2NaCrO_2+H_2O$$

铬与中国

● 考古学家运用现代科学检测手段发现：中国东周时代的兵器上就已人为地覆盖上了一层绿色的氧化铬。秦始皇陵出土的青铜剑表面覆有含铬氧化物的保护层。这种铬盐氧化保护技术能起到很好的防腐、抗锈作用。现代铬化处理技术直到 1937 年才由美国人发明并获得专利，而我们的祖先早在 2000 多年前就已能成熟地运用铬盐氧化保护技术。

mĕng

锰

Manganese

25 号元素

第四周期

第 VIIB 族

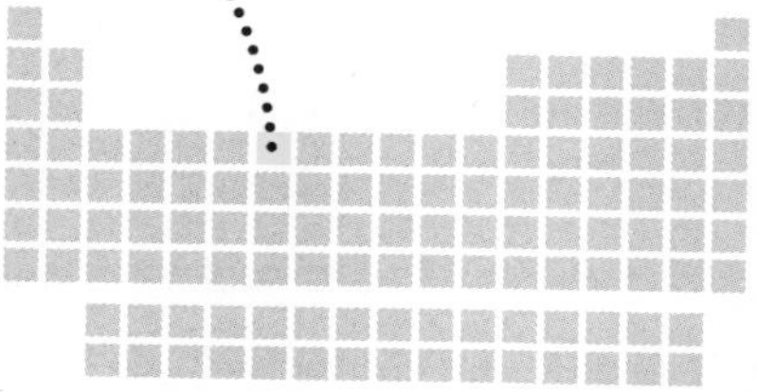

相对原子质量： 54.94

密度： 7.44 g/cm³

熔点： 1246 ℃

沸点： 2062 ℃

元素类别： 过渡金属

性质： 常温下为银白色金属，表面易氧化呈黄色或黑色

全世界锰产量的 90% 以上都用于钢铁工业。

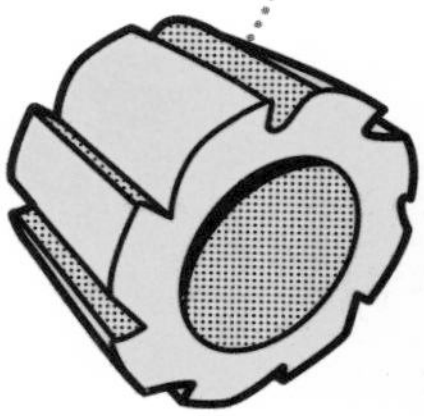

锌锰干电池中二氧化锰作为电池正极。

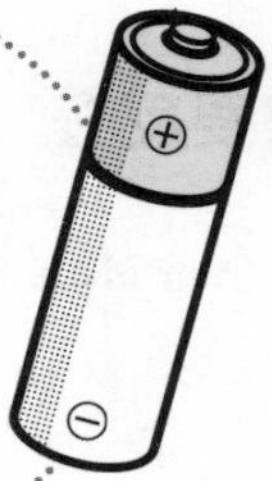

Mn

锰铜合金是一种能够吸收声音的“消声合金”，用于制造潜艇螺旋桨，可增强潜艇的隐蔽性。

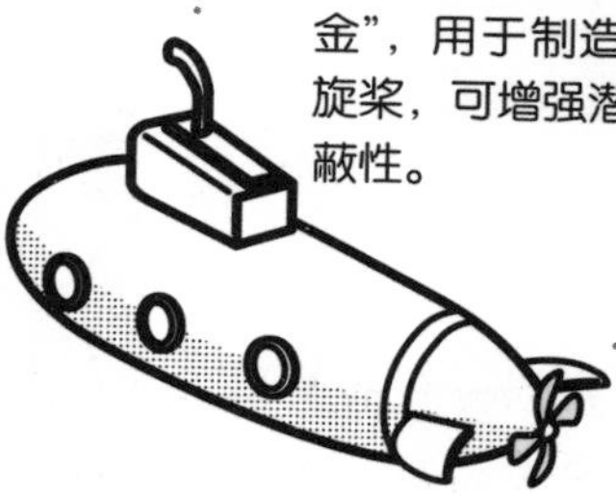

深海底层的“锰结核”矿石蕴藏着极其丰富的锰资源。

工业上通常将铁、铬、锰及其合金统称为“黑色金属”，而把除这三者以外的所有金属称为“有色金属”。实际上，三种“黑色金属”的纯净物都不是黑色的。

介 绍

● 锰是比较活泼的亲氧金属，在高温下可以同卤素、碳、硅、磷、硫等元素直接化合。钢铁冶炼中常添加锰元素来实现脱硫和脱磷，以除去对钢铁品质有负面作用的杂质。

● 锰钢是一种非常重要的合金。钢铁中的含锰量不同，会造成巨大的性能差异。例如，含锰量为 2.5% ～ 3.5% 的低锰钢像玻璃一样脆，一击就碎；含锰量为 13% ～ 15% 的高锰钢则既有韧性，又有高强度。高锰钢是一种良好的耐磨材料，可以制作轴承和推土机铲头等耐磨部件。军事上，高锰钢用于制造钢盔、坦克钢甲、穿甲弹弹头等。

● 锰的化合物因为价格低廉的优势，在电池领域有着广泛的应用。常用的锌锰干电池以二氧化锰作为电池的正极材料。此外，锰酸锂（$LiMn_2O_4$）及三元镍钴锰酸锂等新材料被广泛用于制造锂离子电池的正极。

● 高锰酸钾是一种重要的杀菌剂和消毒剂，其抗菌作用强于过氧化氢。在稀的高锰酸钾溶液中加入碱性葡萄糖溶液，可以自制化学“红绿灯”：碱性条件下，紫红色的高锰酸钾与葡萄糖反应变为绿色的锰酸钾。静置之后，绿色溶液又会由于生成了二氧化锰而变成黄色。

重要反应

➡ 高锰酸钾晶体在室温下比较稳定，但加热时容易分解，并释放出氧气：

$$2KMnO_4 \xlongequal{\triangle} K_2MnO_4+MnO_2+O_2\uparrow$$

➡ 向紫红色的高锰酸钾溶液中通入二氧化硫会发生化学反应，能使高锰酸钾溶液褪色：

$$5SO_2+2KMnO_4+2H_2O = K_2SO_4+2MnSO_4+2H_2SO_4$$

➡ 二氧化锰是两性氧化物，可以与浓酸、浓碱分别缓慢反应：

$$2MnO_2+2H_2SO_4 \xlongequal{\triangle} 2MnSO_4+2H_2O+O_2\uparrow$$

$$2MnO_2+4KOH+O_2 \xlongequal{\triangle} 2K_2MnO_4+2H_2O$$

26 号元素 第四周期 第 VIII 族

相对原子质量：55.85

密度：7.87 g/cm^3

熔点：1538 ℃

沸点：2863 ℃

元素类别：过渡金属

性质：常温下为银白色金属

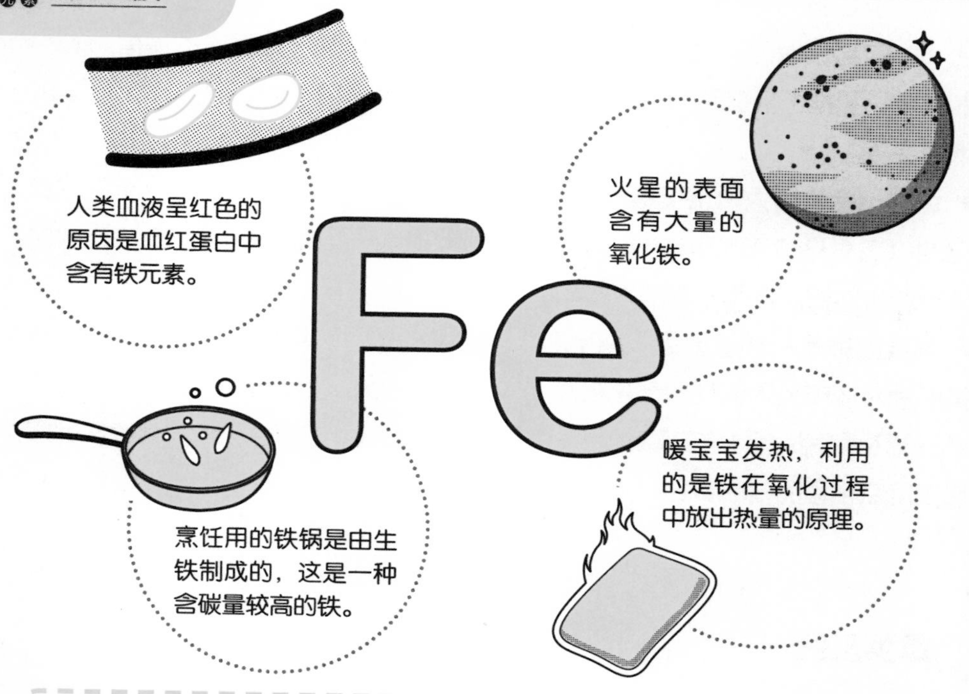

铁是一种古老的金属元素，是人类生活中最常见的金属，被称为“金属之王”。

介 绍

● 来自外太空的陨石大都含有铁元素。人类最早发现的铁就来自陨石，古埃及人曾把铁叫作“天石”，古希腊语中的 “铁”与“星”是同一个词。

● 铁在自然界中主要以化合物的形式存在，包括多种用于冶炼的铁矿石。人们通过高炉冶炼，从铁矿石中得到含碳量较高的生铁。进一步地，运用冶炼工艺控制生铁中的含碳量（0.02%~2.11%），就得到了我们再熟悉不过的“钢铁”。自 18 世纪工业革命之后，钢铁就是世界上使用最多的材料之一。小到我们生活常见的刀叉、家电、汽车，大到著名的鸟巢体育场和埃菲尔铁塔等建筑，都是用钢铁制造的。

● 铁在潮湿的空气中会生锈，生成红褐色的铁锈——氧化铁（Fe_2O_3）。铁锈易脱落，会引起损耗，因此人们需开发各种防锈的方法。除了在钢铁中加入铬制成不锈钢，铁的“发黑处理”也是一种防锈技术。铁件浸泡在强氧化性溶液中可以使其表面生成一层蓝黑色的四氧化三铁薄膜，这层薄膜在防止铁器被锈蚀的同时也能美化外观。锯条和刀片中常使用这种工艺。

重要反应

➡ 铁与氧气的反应条件不同，可以得到不同的产物。常温下，铁与氧气反应会生成红色的氧化铁；在氧气中点燃铁丝，则会生成黑色的四氧化三铁：

$$4Fe+3O_2 = 2Fe_2O_3 \qquad 3Fe+2O_2 \xlongequal{点燃} Fe_3O_4$$

➡ 工业冶铁是将铁矿石和焦炭投入熔炉内并鼓入空气，高温下，碳及其燃烧生成的一氧化碳可以将铁从铁矿石中还原出来：

$$2Fe_2O_3+3C \xlongequal{高温} 4Fe+3CO_2\uparrow \qquad Fe_2O_3+3CO \xlongequal{高温} 2Fe+3CO_2$$

➡ 二价铁离子又称为亚铁离子，向含有亚铁离子的溶液中滴加强碱，可以得到氢氧化亚铁白色沉淀：

$$Fe^{2+}+2OH^- = Fe(OH)_2\downarrow$$

➡ 氢氧化亚铁暴露在空气中极易被氧化，会迅速变成红褐色的氢氧化铁：

$$4Fe(OH)_2+O_2+2H_2O = 4Fe(OH)_3$$

铁与中国

● 中国是世界上最早发现和掌握炼铁技术的国家之一。在青铜熔炼技术的基础上，中国在春秋战国时期出现了最早的人工冶炼的铁制品。铁的发现和大规模使用，是人类发展史上的一个光辉里程碑，它把人类从青铜时代带入了铁器时代。

● 指南针，也叫司南，是中国古代四大发明之一。指南针的原料是磁石——四氧化三铁（Fe_3O_4），具有磁性。早在春秋战国时期（公元前4世纪）的《管子·地数篇》一书就有“上有慈石者下有铜金”的记载。在天然地磁场作用下，指南针能指明地理南极，用以辨别方向。指南针的发明促进了人类的航海活动、地理发现和海上贸易，推动了文明的交流和进步。

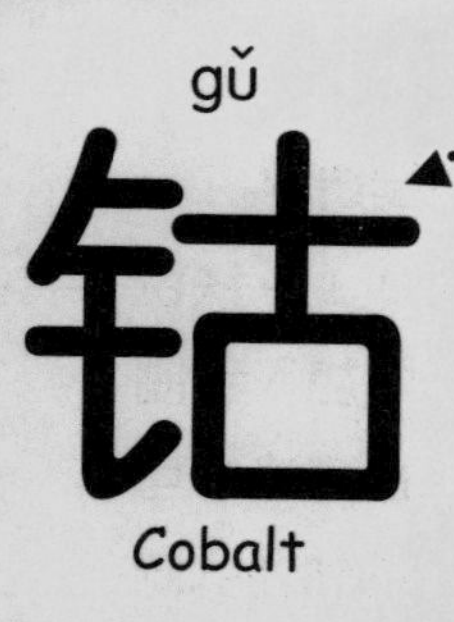

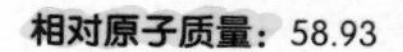

27号元素
第四周期
第 VIII 族

相对原子质量：58.93

密度：8.86 g/cm^3

熔点：1495 ℃

沸点：2927 ℃

元素类别：过渡金属

性质：常温下为银白色金属，略呈淡粉色

钴也是一种历史悠久的金属。电池、电镀、合金与染料领域都有它的身影。

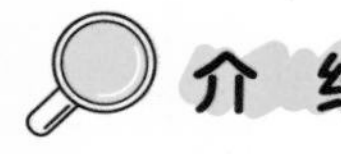

介 绍

● 钴的英文和拉丁文名称都源自德语的“妖魔”（kobold）。数百年前，在德国萨克森州的一座金属矿床里，矿工们发现一种外表似银的矿石。然而工人们在冶炼矿石的过程中却发生了毒气中毒，大家都认为这是妖魔作祟。事实上，这种矿石是辉钴矿（CoAsS），它在冶炼过程中会放出二氧化硫和砷等有毒物质。钴也因为这个缘由被无辜地称为“妖魔”至今。

● 钴的一大主要用途是生产锂离子电池。钴酸锂（$LiCoO_2$）被广泛用于锂离子电池的正极材料中，是一种固体电解质，具有高能量密度和环保安全的优势。

● 钴合金具有非常好的韧性及耐磨性。添加一定量钴的钢材，其耐磨性和切削性都能显著提高；将钴合金熔焊在零件表面，可使零件的使用寿命提高 3~7 倍。多种多样的钴合金被广泛用于燃气轮机叶片、火箭发动机、导弹部件等高负荷的耐热部件中。

● 无水氯化钴晶体是蓝色的，吸水后会变成粉红色的六水合氯化钴。利用氯化钴这一特性制造的变色硅胶，能从颜色上直观地反映环境的相对湿度，因此它既是干燥剂，又是指示剂。

重要反应

➡ 金属钴与氧气在加热条件下会生成氧化物——四氧化三钴（Co_3O_4）。如果加热温度达到 900℃以上，则会生成二价钴的氧化物——氧化钴（CoO）：

$$3Co+2O_2 \xlongequal{\triangle} Co_3O_4 \qquad 2Co+O_2 \xlongequal{高温} 2CoO$$

➡ 金属钴溶于盐酸，生成蓝色的氯化钴，并放出氢气：

$$Co+2HCl = CoCl_2+H_2\uparrow$$

➡ 氧化钴用硫酸溶解后经蒸发结晶，可以得到粉红色的硫酸钴晶体：

$$CoO+H_2SO_4 = CoSO_4+H_2O$$

钴与中国

● 历史上，从矿物中提取的蓝色无机颜料曾一度非常稀有，钴着色剂就是其中的一种。唐代时期，中国通过丝绸之路从西域引入了钴着色剂“苏麻离青”。能工巧匠们将这种钴着色剂用于陶器，烧出了低温蓝釉，得到了彩色陶器“唐三彩”。元代开始，高温钴蓝釉瓷器的工艺被发明，由此诞生了“青花瓷”，淡雅的素胎衬以钴蓝勾勒繁复的纹样，成为中国陶瓷艺术的典型代表。

28 号元素

第四周期
第 VIII 族

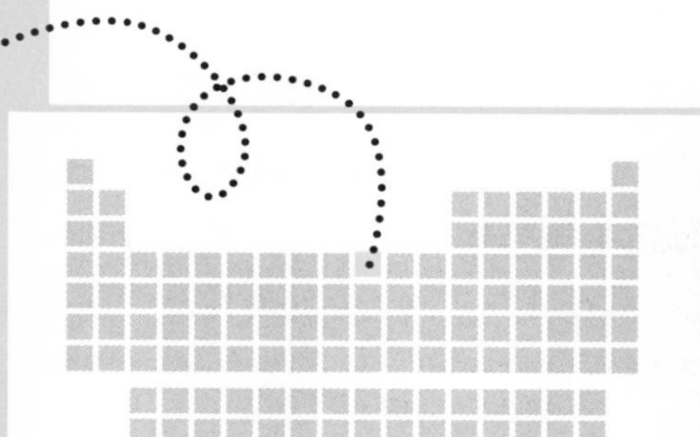

相对原子质量： 58.69

密度： 8.90 g/cm³

熔点： 1455 ℃

沸点： 2913 ℃

元素类别： 过渡金属

性质： 常温下为银白色金属

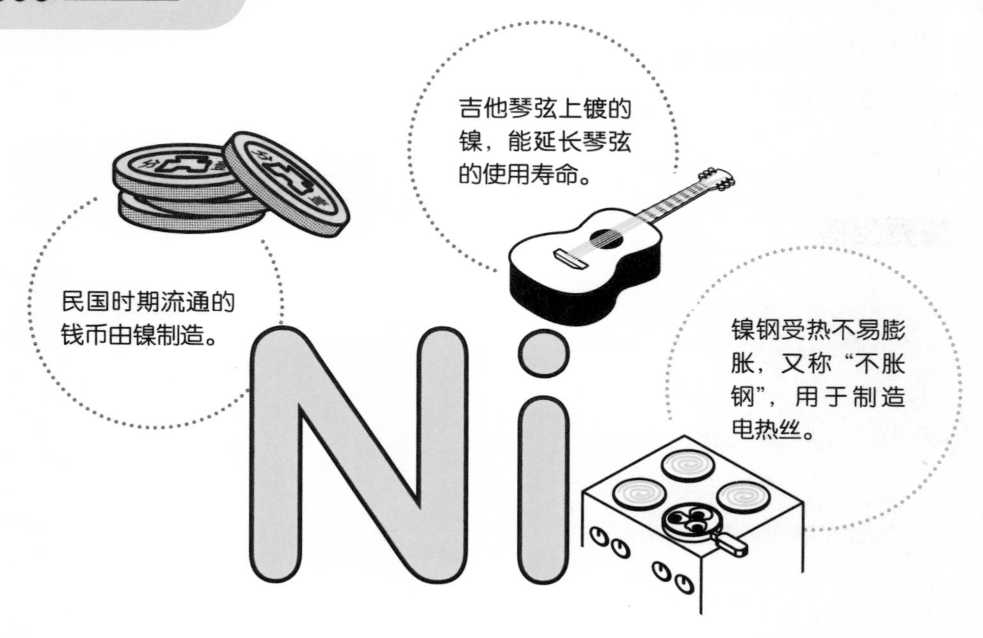

镍是一种硬而有延展性，并具有铁磁性的金属。2000 年前，中国便已经发现了铜镍合金。

介 绍

● 镍具有非常优良的抗氧化、抗腐蚀特性，因此它是一种制造耐腐蚀合金的重要原料。镍常被镀在其他金属上防止生锈，也可以用来制造镍钢、镍铬钢等不锈钢和防腐蚀金属。

● 镍的主要应用之一是电池，包括镍氢电池和镍镉电池等。其中，镍氢电池的应用较广，是氢能源的一种重要利用方式。相比于锂离子电池，镍氢电池的质量较大、能量密度不够高，但镍氢电池更经济，在安全方面也更具优势。

相对原子质量： 63.55

密度： 8.96 g/cm³

熔点： 1085 ℃

沸点： 2562 ℃

元素类别： 过渡金属

性质： 常温下为红色金属

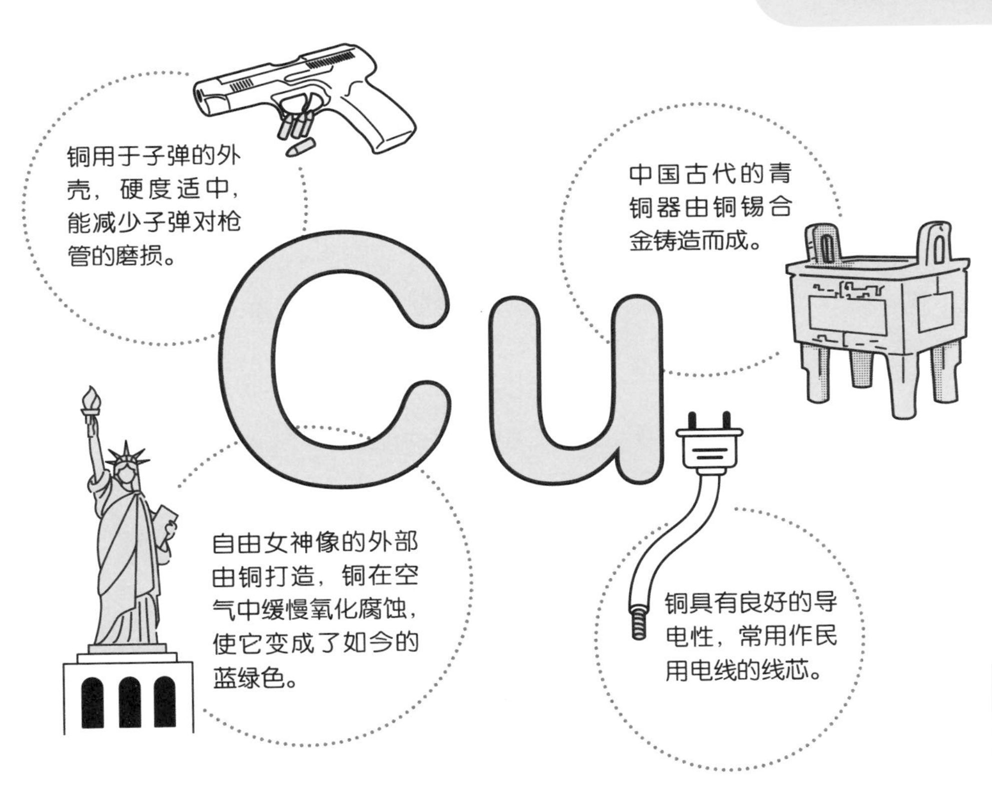

第四周期

人类在公元前 5000 年就用铜制造工具，铜是唯一在常温下呈红色的金属。

 介 绍

● 铜和金、银一样，都具有优良的导电性和导热性，但铜由于价格低廉的优势，在电力电子行业中被广泛使用。电力传输导线、变压器、开关、电路连接元件等等，大部分都由铜制造。印刷电路和集成电路中也随处可见铜的身影。

● 红色的纯铜叫作红铜或紫铜，常用于电缆和导线。自然界中存在着多种多样的铜合金，并也大都以它们的颜色命名。例如，黄色的铜锌合金叫作黄铜，用于制造阀门和连接管；银白色的铜镍合金叫作白铜，在精密机械配件里有一定的应用。

● 硫酸铜溶液的湛蓝色令人着迷，但它美丽的外表下却藏着一副“蛇蝎心肠”。铜盐都是剧毒物质，人摄入过量的铜会导致血红蛋白变性，严重时会有溶血性贫血的危险。

重要反应

➡ 空气中加热金属铜生成黑色的氧化铜。若温度进一步升高，氧化铜会分解生成砖红色的氧化亚铜：

$$2Cu+O_2 \overset{\triangle}{=\!=} 2CuO \qquad 4CuO \overset{高温}{=\!=} 2Cu_2O+O_2\uparrow$$

➡ “湿法炼铜”是用铁从硫酸铜溶液中提取铜的方法。该反应是由单质与化合物反应，生成另一种单质和另一种化合物的反应，属于置换反应：

$$Fe+CuSO_4 = Cu+FeSO_4$$

➡ 向蓝色的硫酸铜溶液中滴加氢氧化钠会得到蓝色的氢氧化铜絮状沉淀：

$$CuSO_4+2NaOH = Cu(OH)_2\downarrow+Na_2SO_4$$

➡ 在潮湿的空气中，许多青铜器的表面都会附着一层碱式碳酸铜，又名“铜锈”“铜绿”：

$$2Cu+O_2+CO_2+H_2O = Cu_2(OH)_2CO_3$$

铜与中国

● 青铜是金属冶铸史上最早出现的合金。在纯铜中加入锡（或铅），可以改善铜“较软”的特性，提高合金的硬度和强度，并降低熔点，便于熔炼。青铜的铸造性好、耐磨且化学性质稳定，这也是古代青铜器能流传至今的原因。中国古代夏商至秦汉时期是“青铜时代”的巅峰。粗犷又不失精美的后母戊鼎、四羊方尊和曾侯乙编钟等青铜国宝，既反映出当时先进的合金制造工艺，也记载着中华历史特有的祭祀和礼器文化。

xīn

锌

Zinc

30 号元素　第四周期　第 IIB 族

相对原子质量： 65.39

密度： 7.14 g/cm^3

熔点： 420 ℃

沸点： 907 ℃

元素类别： 过渡金属

性质： 常温下为银白色金属

锌是一种常见的有色金属。中国是世界上最早发现并大规模生产和使用锌的国家。

介 绍

● 锌本身的强度和硬度不高，但在与铜、铝等“组团”后，可大幅提升合金的强度和硬度。例如，铜锌合金有着优异的耐磨性，常用于制造生活中常见的阀门、管路和门把手等部件。

● 锌的金属活动性比铁强，因此在海水中锌比铁更容易被腐蚀。通常，轮船的船尾及船身浸入海水的部分会装上一定量的锌块，使得海水的腐蚀作用优先在锌块上发生，从而保护船体。

● 锌被誉为“生命之花”，它是人体中 200 多种酶的重要组成元素。锌直接参与人体中酶的合成，促进生长发育及组织再生，维护免疫功能，是人体不可或缺的关键元素。

● 1800 年，意大利科学家亚历山德罗·伏打以多层锌环和银环叠放，其间用浸湿食盐水的纸片隔开，制造了世界上最早的电池——“伏打电池”。这是人类最早的化学电源，促进了电磁学的发展。我们熟知的电压单位“伏特”就是以伏打的名字命名的。

重要反应

➡ 锌是一种两性金属，在强酸、强碱中都能够反应并放出氢气：

$$Zn+2HCl = ZnCl_2+H_2\uparrow$$

$$Zn+2NaOH+2H_2O = Na_2[Zn(OH)_4]+H_2\uparrow$$

➡ 锌在空气中表面会生成氧化锌，因为这层保护膜，金属锌很难剧烈燃烧：

$$2Zn+O_2 = 2ZnO$$

➡ 锌锰干电池是一种常见的碱性电池，电池以锌为负极，二氧化锰为正极，氢氧化钾为电解质：

负极：$Zn+2OH^--2e^- = Zn(OH)_2$

正极：$2MnO_2+2H_2O+2e^- = 2MnO(OH)+2OH^-$

总反应：$Zn+2MnO_2+2H_2O = Zn(OH)_2+2MnO(OH)$

镓 Gallium

31 号元素　第四周期　第 ⅢA 族

相对原子质量： 69.72
密度： 5.91 g/cm³
熔点： 29.76 ℃
沸点： 2403 ℃
元素类别： 后过渡金属
性质： 常温下为银白色金属

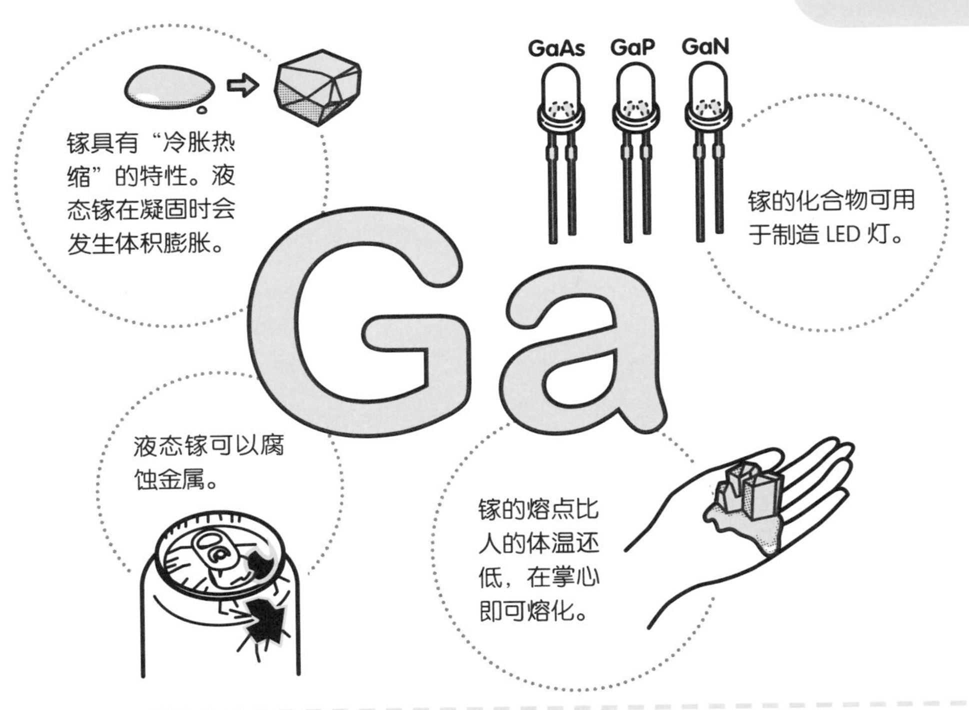

镓是一种液态金属。它是化学史上第一个先理论预言存在，后在自然界中被发现验证的元素。

介绍

● 发光二极管（LED）是一种将电能转化为光能的半导体元件。这种光源只发单色光，需要混合才能得到白光。在红光、绿光和黄光的 LED 相继问世后，蓝光 LED 却遭遇了许多技术难关，一度被认为是“20 世纪内不可能完成的任务”。20 世纪 90 年代，日本科学家赤崎勇、天野浩和中村修二发明了基于氮化镓（GaN）的高效蓝光 LED 器件，获得了 2014 年的诺贝尔物理学奖。如今，节能环保且寿命超长的白光 LED 已取代白炽灯，进入了千家万户。

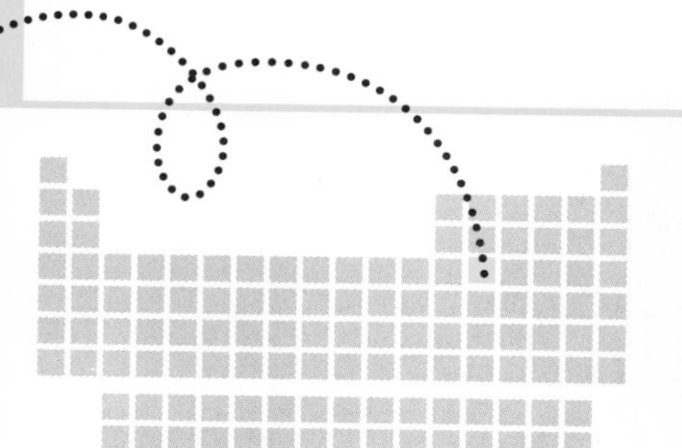

相对原子质量：72.63

密度：5.32 g/cm^3

熔点：938 ℃

沸点：2833 ℃

元素类别：后过渡金属

性质：常温下为银白色金属

克莱门斯·温克勒首先发现了锗元素，他以他的祖国——德国（Germany）命名了锗。

介 绍

● 高纯度的锗具有很高的折射系数，对红外线透明，但对可见光和紫外线不透明，所以用作专透红外光的夜视仪透镜。

● 20 世纪 60 年代之前，锗作为重要的半导体被大量采用。但随着硅的崛起，锗逐渐被替代。目前，锗在光纤通信中仍有着重要的应用。在光纤中掺入锗，可以起到调控折射率和光电转换的作用，提高信息的传播速度。从 4G 到 5G 时代，信息传播速度大幅提升，也对锗提出了更大量的需求。

33号元素

第四周期
第 VA 族

相对原子质量： 74.92

密度： 5.78 g/cm^3

熔点： 817 ℃（加压）

沸点： 603 ℃

元素类别： 非金属

性质： 灰砷是室温下最为稳定的单质，具有金属光泽

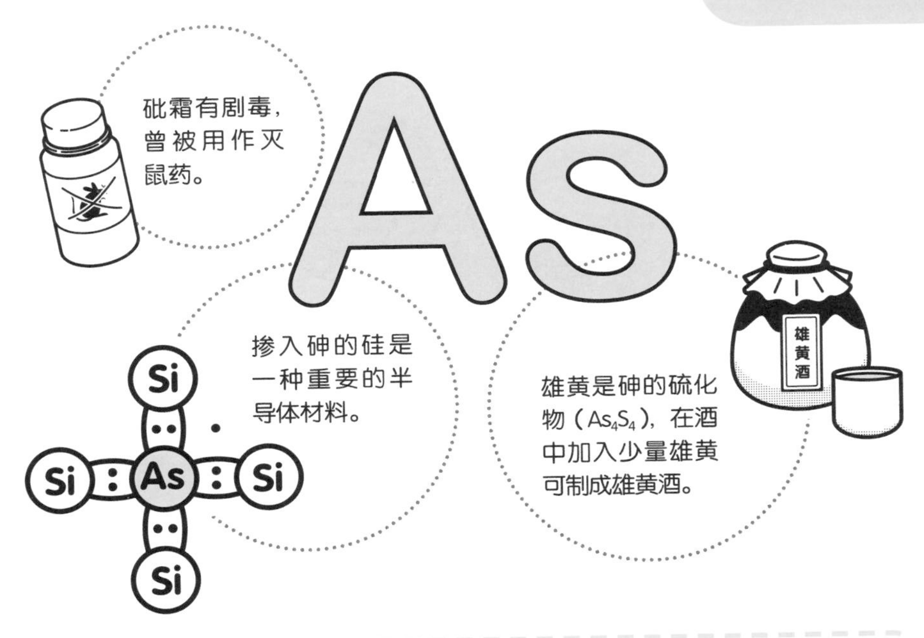

砷的很多化合物都具有毒性，其中最著名的就是俗称砒霜的三氧化二砷（As_2O_3）。

介 绍

● 一些影视作品中，常有观察银针刺入食物后是否发黑来判断食物是否被添加砒霜的桥段。事实上，银不会与砒霜发生反应，使银针发黑的真正原因是砒霜中的硫和硫化物。古时人们主要运用煅烧砷的硫化物的方法获得砒霜，这种粗糙的加工方式不能完全去除其中的硫，因此“银针验毒”不过是一种巧合。

● 雌黄（As_2S_3）是一种黄色至橙黄的矿石，可作黄色颜料。中国古代写字用的是未经漂白的黄纸，一旦写错就用雌黄涂抹后重新书写，因此后人就用成语“信口雌黄”来比喻不顾事实，轻下论断。

34 号元素

第四周期
第 VIA 族

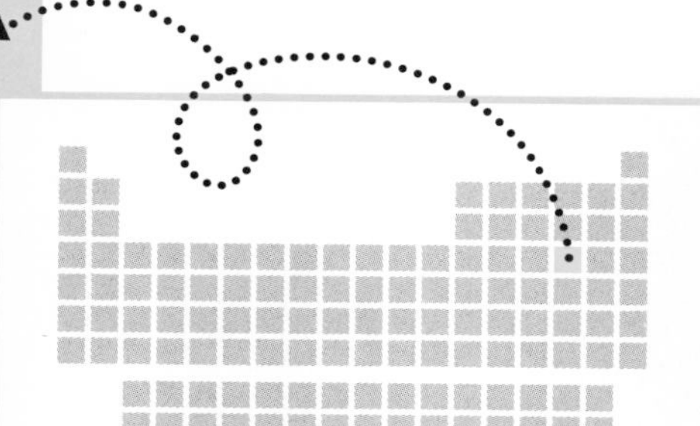

相对原子质量： 78.96

密度： 4.79 g/cm^3

熔点： 220 ℃

沸点： 685 ℃

元素类别： 非金属

性质： 常温下为有金属光泽的灰色固体

硒是人体所必需的微量元素，人体中几乎每一种免疫细胞中都含有硒。

介绍

● 硒具有优异的半导体特性与光敏性，在电子领域有着广泛的用途。硒常被用来制造光电池、感光器、激光器件、光电管、整流器等。激光打印机的感光鼓也是硒主要的应用领域。

● 硒是一种很好的脱色剂，常用于玻璃工业。玻璃原料中如果含铁离子，就会呈现出浅绿色，而加入少量硒，可以使玻璃呈现红色。绿色和红色互补，使玻璃变成无色。如果加入过量的硒，就可以制造出著名的红宝石玻璃——硒玻璃。

● 硒是氨基酸与酶的重要组成元素，有着“长寿元素”的美誉。硒对人体健康具有重要的作用，适当地补硒可增强人体的免疫功能以及抗病能力。

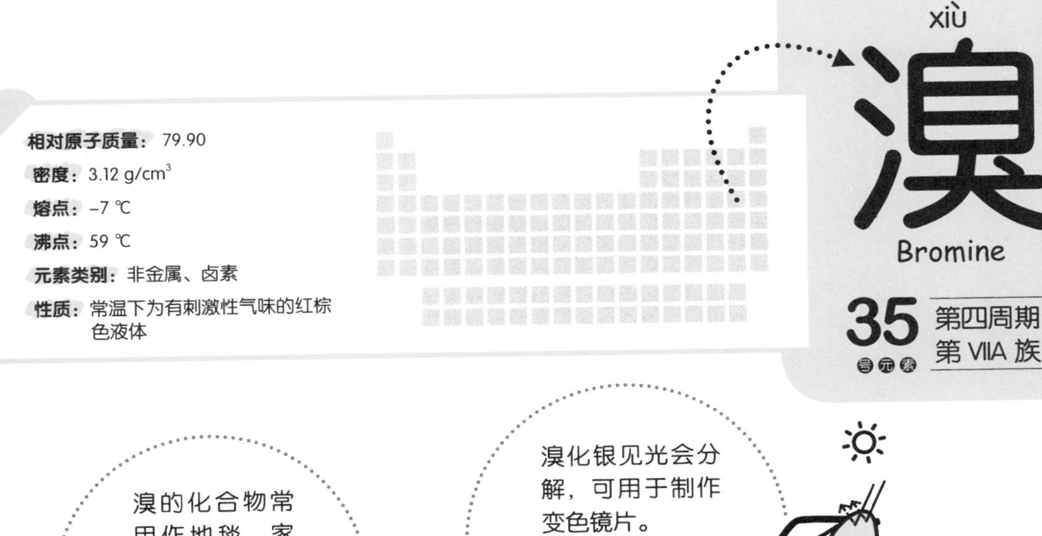

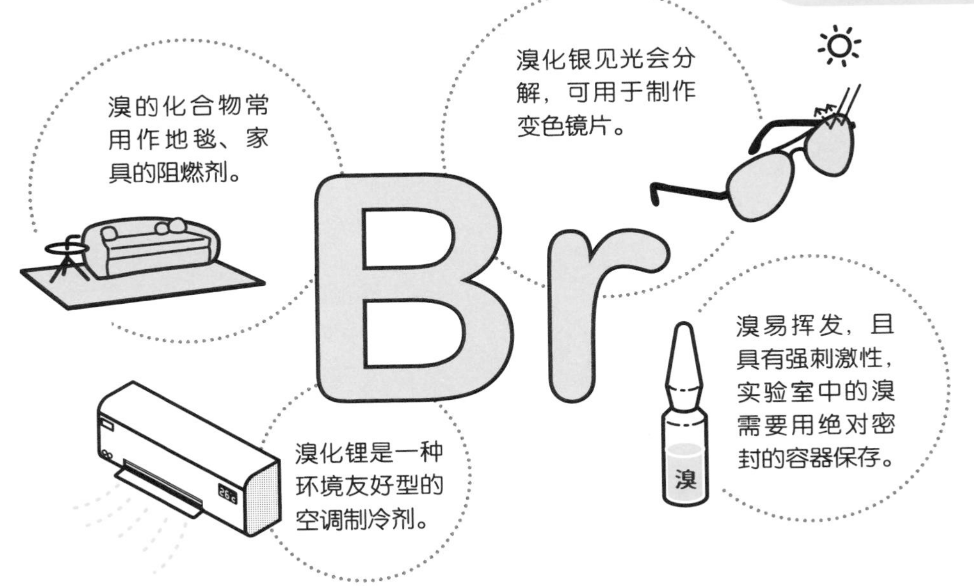

溴是唯一在常温下呈液态的非金属元素。作为活泼的“卤素家族”中的一员，地球上绝大部分溴都以化合物的形式存在于海水和盐湖的卤水中。

介　绍

● 1824 年，法国化学家安东尼·巴拉尔在用海藻提取碘的实验中，得到一种散发着刺鼻气味的深褐色液体。他继续深入研究，最终确定了这种液体是一种新元素“溴”。巴拉尔的发现不仅震惊了化学界，也震惊了德国人尤斯蒂斯·李比希。原来，李比希也曾由类似实验得到同样的物质，却主观臆断该液体为“氯化碘”而弃之不问，错过了发现溴的机会。这次挫败让李比希吸取教训，严谨治学，创立了有机化学这一学科，为化学的发展做出了伟大的贡献。

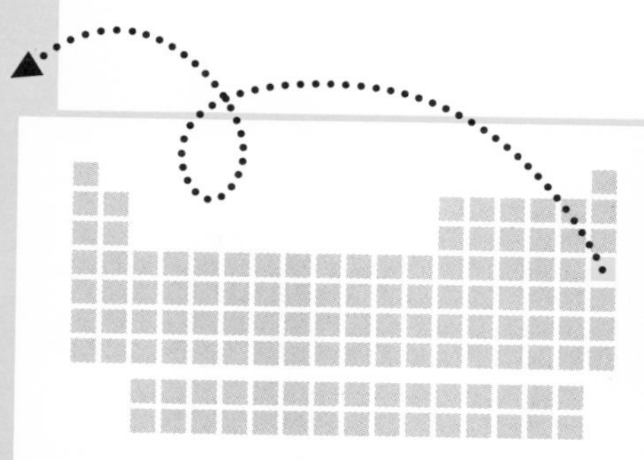

相对原子质量： 83.80

密度： 3.74 g/L（0 ℃，1 atm）

熔点： –157 ℃

沸点： –152 ℃

元素类别： 稀有气体

性质： 常温下为无色、无味的气体

氪的希腊语含义为“隐蔽”（krypton），因为它“躲藏”在大气中很久未被科学家们发现。

介 绍

● 氪的外层电子处于全充满结构，曾被认为没有反应活性。但在 20 世纪 60 年代初，人们却发现氪与氟的混合物可以在放电条件下发生化学反应，生成二氟化氪（KrF_2）。

● 添加了氪的灯发光效率极高，能发出非常亮的白光，因此氪灯常用作相机的闪光灯。氪也是制造高功率气体激光器的重要材料。

第五周期

rú
铷
Rubidium

37 号元素　第五周期　第 IA 族

相对原子质量：85.47

密度：1.53 g/cm³

熔点：39 ℃

沸点：688 ℃

元素类别：碱金属

性质：常温下为银白色金属

铷的化学性质非常活泼，但严苛的运输和存储条件制约了它的应用。中国的铷资源非常丰富，有广阔的开发前景。

介　绍

● 每种原子都有自己的特征谱线，因此可以根据光谱来鉴别物质以及确定它的化学组成，这种方法叫作“光谱分析法”，被称为“化学家的眼睛”。光谱分析法最初是由德国科学家罗伯特·本生和古斯塔夫·基尔霍夫提出并奠定研究基础的。铷元素就是他们运用光谱分析法发现的第一个新元素。

sī

锶

Strontium

38 号元素 第五周期 第 IIA 族

相对原子质量：87.62

密度：2.54 g/cm³

熔点：777 ℃

沸点：1414 ℃

元素类别：碱土金属

性质：常温下为银白色金属

锶广泛存在于土壤、海水中。清新典雅的天青石就是锶的矿物。

介绍

● 锶有很强的储电能力。因此，锶的化合物被广泛用于电子领域。例如，钛酸锶用于电容器和存储器的制造，硝酸锶可用作电子管的发射极。

● 锶具有一定的医疗用途。雷奈酸锶是一种包含雷奈酸的锶盐，用于预防骨质疏松。另外，锶离子具有抗过敏的作用，氯化锶被添加在抗敏牙膏中以缓解牙齿敏感。

● 放射性的锶进入人体后会导致癌症。日本福岛核事故中有大量核污水外泄，其中就包含了放射性的锶。由于锶的最外层电子排布情况和钙一样，锶进入人体后容易被误当作钙吸收，造成不可逆的辐照危害。

钇 yǐ

Yttrium

39 号元素　第五周期　第 IIIB 族

相对原子质量： 88.91

密度： 4.47 g/cm^3

熔点： 1522 ℃

沸点： 3338 ℃

元素类别： 过渡金属、稀土

性质： 常温下为银灰色金属

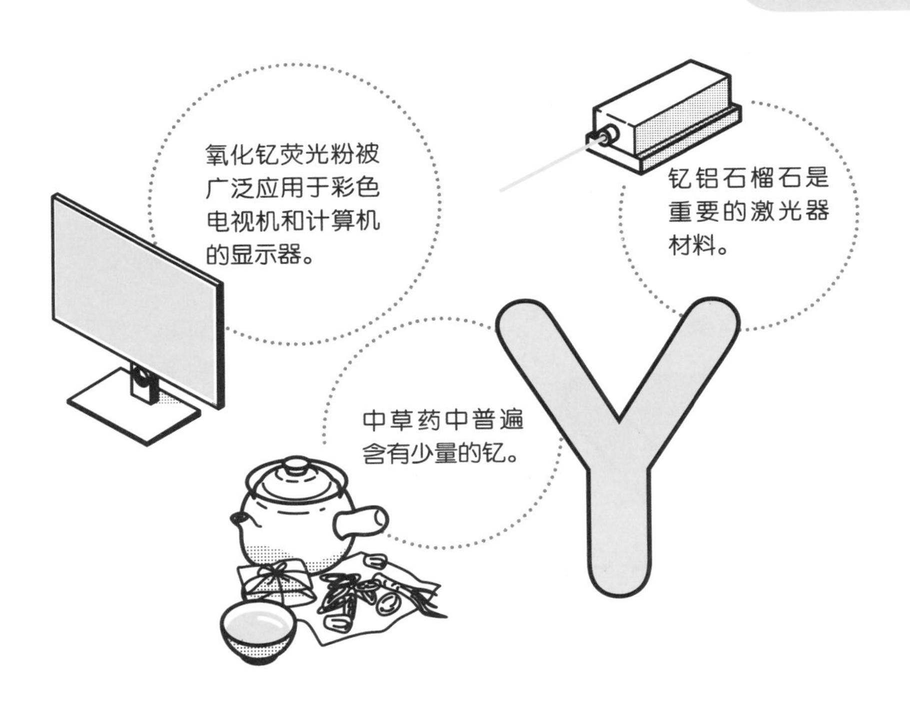

钇是第一种被发现的稀土元素。人类在月球岩石中也发现了钇的存在。

介绍

● 超导体是达到某一临界温度时，材料电阻突变为零的特殊材料。以钇钡铜氧（YBCO）为代表的钇系合金就是良好的超导体。利用超导体制作的电线可以把电力几乎无损耗地输送给用户，极大地提升输电效率。由于超导体需在 -190℃左右的环境中工作，目前还未能大规模投入使用，但它已经提供了值得期待的前景。

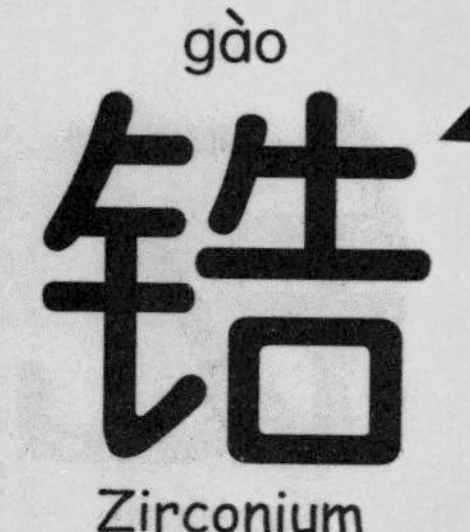

gào 锆 Zirconium

40 号元素 第五周期 第 ⅣB 族

相对原子质量：91.22

密度：6.51 g/cm^3

熔点：1852 ℃

沸点：4361 ℃

元素类别：过渡金属

性质：常温下为灰白色金属

锆的外观类似于钢，有着极好的抗腐蚀性能以及超高的硬度和强度。

介 绍

● 锆与核工业密切相关，是重要的战略金属。锆合金用于制作核电站中核燃料棒的包壳材料，是防止放射性物质外溢的“金钟罩”。

● 氧化锆（ZrO_2）具有高韧性和高耐磨性，是一种重要的陶瓷材料，可用作陶瓷刀具、陶瓷阀门、陶瓷轴承等。

ní

铌

Niobium

41 号元素

第五周期
第 VB 族

相对原子质量：92.91
密度：8.57 g/cm^3
熔点：2468 ℃
沸点：4742 ℃
元素类别：过渡金属
性质：常温下为银灰色金属

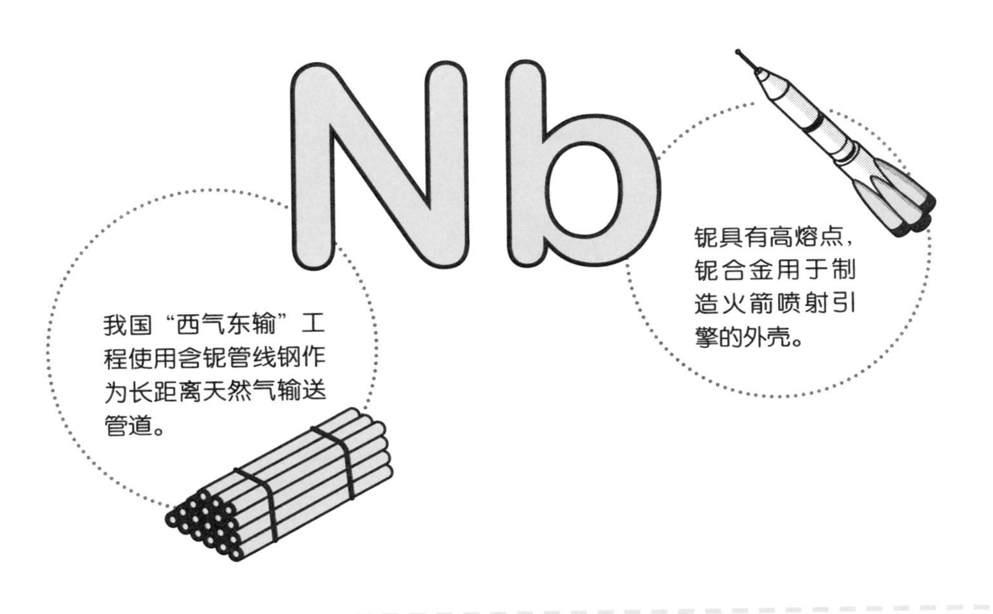

铌具有良好的耐腐蚀、耐高温和耐磨等特性。最初的白炽灯灯丝是用铌制造的。

介 绍

● 铌的性质与在元素周期表中位于它下方的钽十分接近，导致它们最初被误认为是同一种元素。1844年，德国科学家海因里希·罗瑟将两者分离，分别以希腊神话中坦塔洛斯（Tantalos）和他的女儿尼俄伯（Niobe）的名字命名了钽（Tantalum）和铌（Niobium），以显示出这两种元素的相似性。

● “西气东输”工程是我国实现天然气资源跨区域调配的宏伟工程，西起新疆，东至上海，横跨 9 个省（自治区、直辖市），促进了我国能源结构和产业结构的调整。含铌管线钢由于具有高强度、高韧性的特点，可以满足长距离的地下天然气输送需求。

mù

钼

Molybdenum

42 号元素

第五周期
第 VIB 族

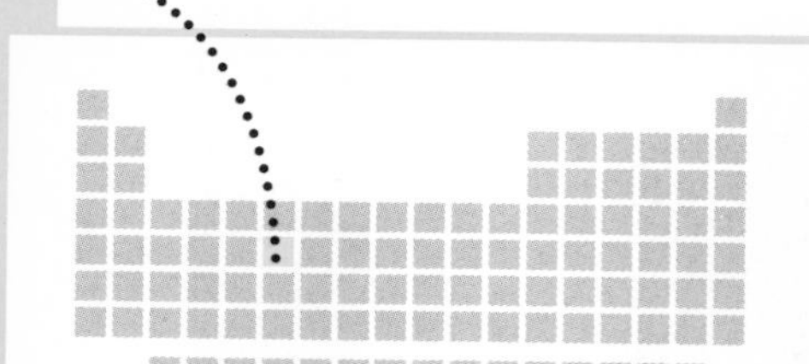

相对原子质量： 95.94

密度： 10.22 g/cm³

熔点： 2623 ℃

沸点： 5557 ℃

元素类别： 过渡金属

性质： 常温下为银白色金属

钼常用于制造高温元件。

豆类植物体内的含钼固氮酶可以将氮元素转化为蛋白质。

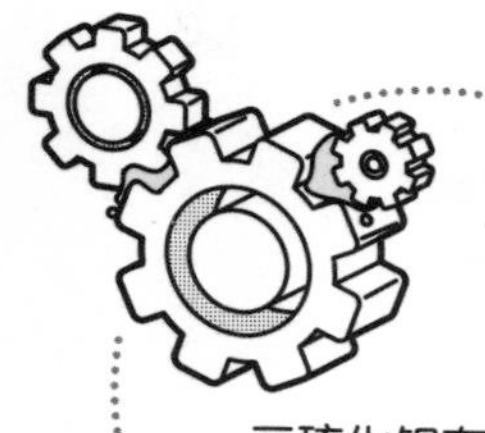

Mo

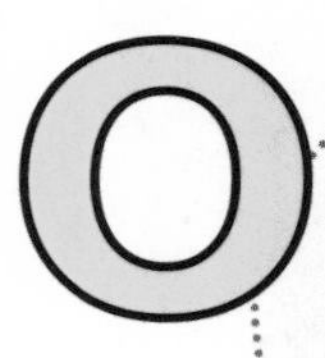

二硫化钼在 17 世纪就已被用作固体润滑剂。

用钼钢板制造的坦克在防御力没削弱的前提下减轻了自重。

钼既是一种重要的合金元素，也是一种动植物体内重要的生理元素。

介 绍

● 钼作为合金元素，在钢铁工业中一直占据着重要的地位。日本从 14 世纪起就开始用含钼的钢制造刀剑。含钼合金钢是当前铁轨和桥梁建设中的重要钢材。

● 钼的硬度很高，又耐高温，是理想的电火花线切割工具。钼丝通电后产生电火花，能使得金属零件局部受热熔化并进行切割，能加工形状极其复杂的零件。

● 二硫化钼是航空航天和机械工业的重要润滑剂。单层的二硫化钼则具有良好的半导体特性，甚至优于硅或者石墨烯的半导体特性，在纳米器件领域有着很广阔的应用空间。

dé
锝
Technetium

43 号元素 第五周期 第 VIIB 族

相对原子质量：（97）

密度：11.5 g/cm^3

熔点：2172 ℃

沸点：4877 ℃

元素类别：过渡金属

性质：常温下为银灰色金属

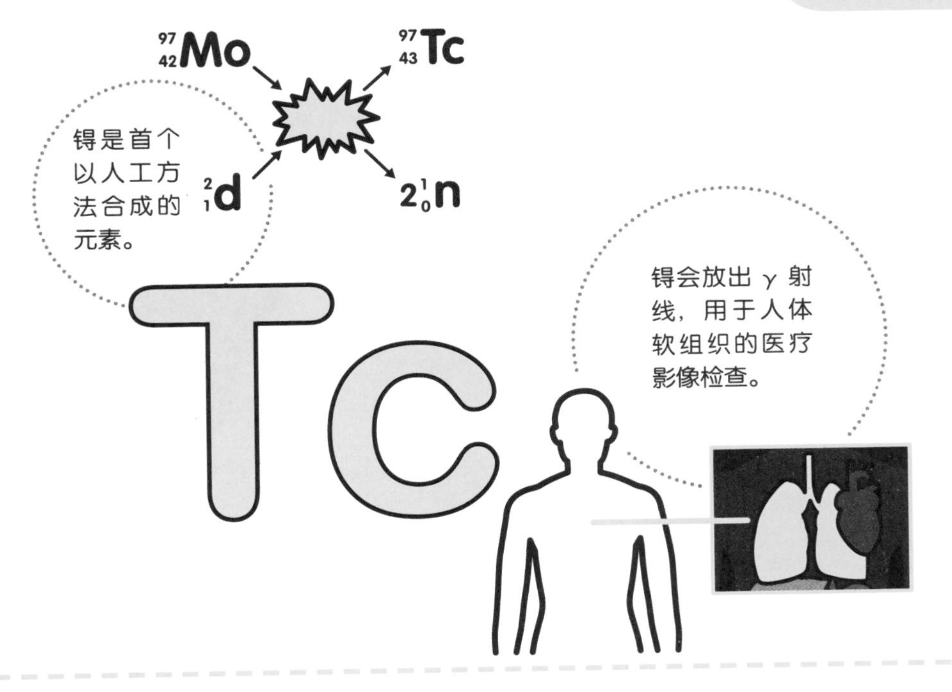

锝的名称来自希腊语“人造的”（technetos）。

介 绍

● 锝的所有同位素都是放射性的，其中半衰期最长的为 400 万年，这意味着地球诞生之初存在的锝早已衰变为其他元素，因此它一度被认为是“失踪的元素”。1937 年，意大利科学家埃米利奥·塞格雷在欧内斯特·劳伦斯的帮助下，获得了在回旋加速器中经氘核（重氢）轰击过的钼箔样品。塞格雷凭借深刻的洞察力意识到这一样品的与众不同，他求助于同在巴勒莫大学的化学家卡洛·佩里埃，对钼箔样品进行分离鉴定。最终，他们发现了一种具有放射性的全新元素——锝，填上了 43 号元素的空位。

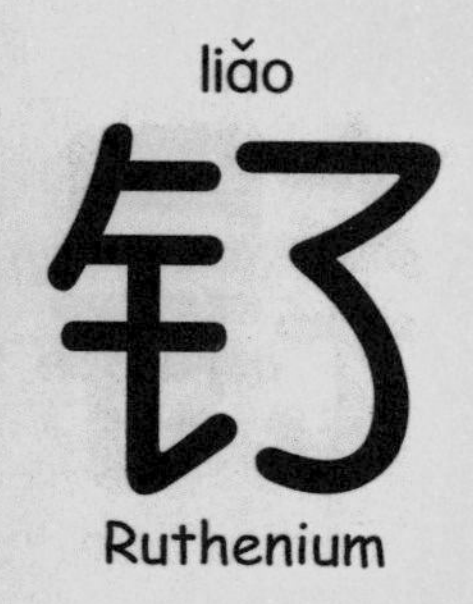

相对原子质量：101.1

密度：12.41 g/cm^3

熔点：2333 ℃

沸点：4147 ℃

元素类别：过渡金属

性质：常温下为银白色金属

元素周期表中第 VIII 族中的钌、锇、铑、铱、钯、铂统称为“铂系元素”。钌是铂系元素中含量最少，也是最晚被发现的一个。

介　绍

● 催化剂通常是指一种不参与化学反应、但能改变反应速率的物质。例如，原本需要数十年才能完成的化学反应，在催化剂的帮助下能在短短几分钟内完成。钌虽然在生活上很少被注意到，但它却是一种重要的催化剂。钌曾两次“登上”诺贝尔化学奖领奖台，分别是 2001 年的钌催化加氢反应和 2005 年的含钌的格拉布催化剂。钌催化剂是药物制备及材料合成中的重要物质。

相对原子质量： 102.9

密度： 12.4 g/cm^3

熔点： 1963 ℃

沸点： 3695 ℃

元素类别： 过渡金属

性质： 常温下为银白色金属

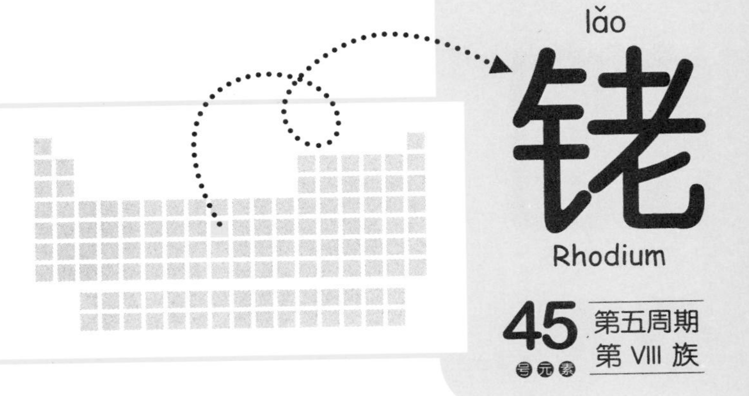

铑的化学性质极不活泼，但它是十分出色的催化剂。

 介 绍

● 贵金属通常是指金、银以及铂系金属（钌、锇、铑、铱、钯、铂）在内的 8 种金属元素。这些金属大部分都拥有美丽的色泽，且具有比较强的化学稳定性，一般条件下不容易和其他物质发生化学反应。值得一提的是，铑的稀有程度与价格甚至高于金或银。

● 铑和铂组成的铂铑合金是一种重要的合金材料，它具有很强的抗氧化能力、耐酸腐蚀能力以及抗电弧烧损能力。铂铑合金可以用作测量温度的热电偶材料，也可以制造电气接点和火花塞电极等。

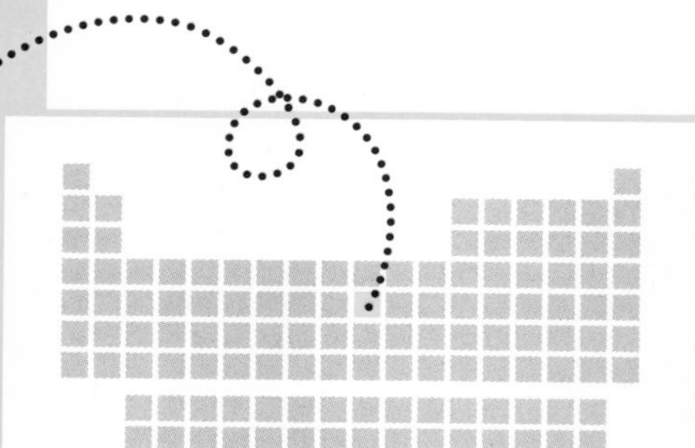

相对原子质量：106.4

密度：12.02 g/cm³

熔点：1552 ℃

沸点：2964 ℃

元素类别：过渡金属

性质：常温下为银白色金属

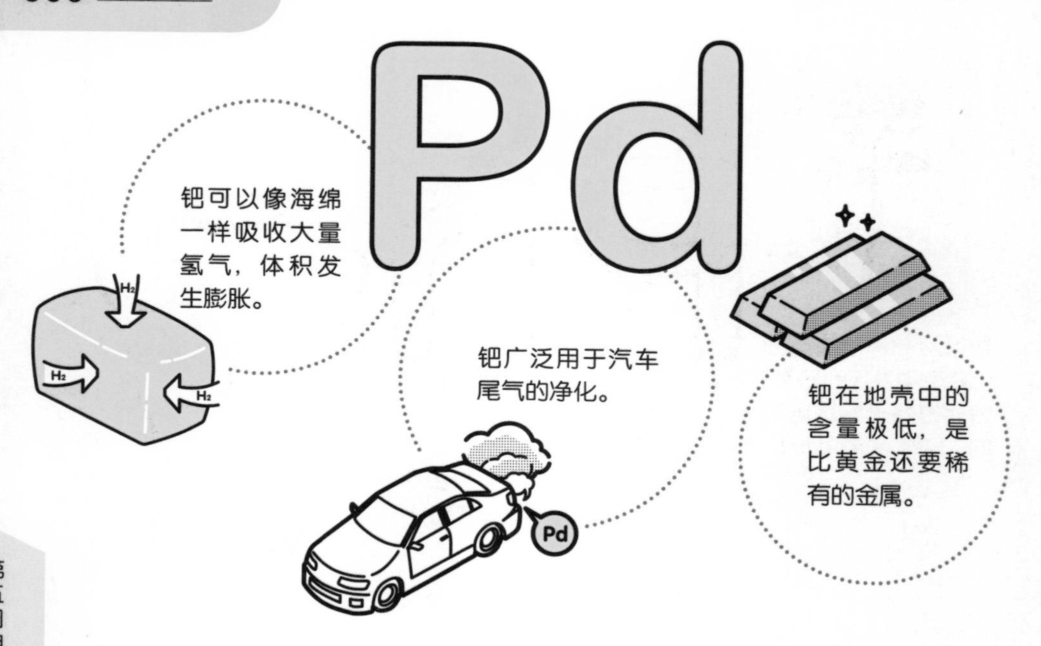

铂系元素均为高熔点且性质稳定的金属。钯的熔点是铂系元素中最低的，但也达到了 1552 ℃。

介 绍

● 钯的重要用途之一是净化汽车尾气。汽车的排气管路中有一个非常重要且非常昂贵的部件——三元催化器（装载了钯、铑、铂三种金属）。汽车尾气中含有一氧化碳、碳氢化合物和氮氧化合物，直接排放对环境危害较大。三元催化器可以促进这些有害气体和氧气反应，转化为较为清洁的水、氮气和二氧化碳。我们能在交通拥堵的城市中呼吸到新鲜空气，三元催化器功不可没。

相对原子质量： 107.9

密度： 10.5 g/cm^3

熔点： 962 ℃

沸点： 2161 ℃

元素类别： 过渡金属

性质： 常温下为亮白色金属

在人类社会早期，银和金、铜都曾作为货币流通，它们在元素周期表中都位于第 IB 族。

介 绍

● 金属银的化学性质稳定，且较为稀有、珍贵，在历史上用作交易的货币。古希腊和罗马帝国时期，银币就开始被使用和发行。英国在 19 世纪前曾流通银币。中国古代的“银两”就是用作货币的银的总称。

● 镜子是不可或缺的日常工具。银的反光率极高，是制作镜子的最佳材料。18 世纪，德国科学家尤斯蒂斯・李比希发明了用化学镀银工艺制作玻璃镜子的方法，其基本原理就是“银镜反应”。

● 银具有杀菌消毒的功效。银器表面溶出的银离子能破坏细菌的细胞膜，并与细菌酶蛋白中的巯基结合，破坏其酶活性，使细菌难以生存。因此银可以用于制造抗菌医疗器械和厨房用具，担任起“健康守护者”的角色。

● 云是由悬浮在大气中的小水滴或小冰晶组成的。人工降雨的原理是人为制造降水条件，破坏云内的系统平衡，使悬浮的小水滴和小冰晶发生沉降。碘化银可作为人工冰核，增加云中冰晶的数量和质量。实施人工降雨后，水分子会不断地从水滴向冰晶转移，当冰晶增大到一定程度的时候，便会形成降水。

重要反应

银能溶于硝酸，生成硝酸银：

$$3Ag+4HNO_3(稀) = 3AgNO_3+2H_2O+NO\uparrow$$

$$Ag+2HNO_3(浓) = AgNO_3+H_2O+NO_2\uparrow$$

把葡萄糖溶液与硝酸银的氨溶液混合在一起，硝酸银被葡萄糖还原成金属银，沉淀在容器内壁上，光亮如镜，这就是“银镜反应”：

$$2[Ag(NH_3)_2]^+ + 2OH^- + C_6H_{12}O_6 = C_5H_{11}O_5COO^- + 2Ag\downarrow + 3NH_3\uparrow + H_2O + NH_4^+$$

银的卤化物（氯化银、溴化银等）会在光照下分解，形成游离态的银。这一过程就是胶片摄影的“曝光”：

$$2AgX \xlongequal{光照} 2Ag+X_2 \quad (X=Cl,Br,I)$$

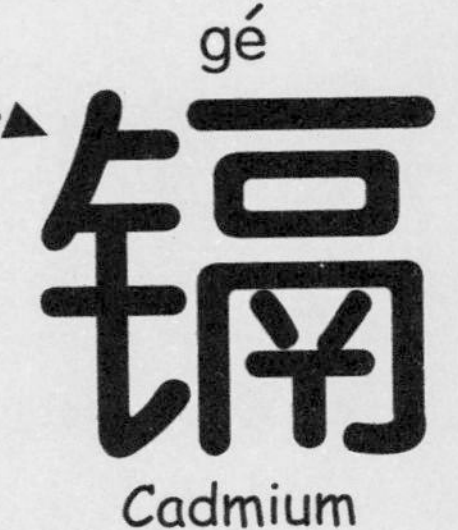

48 号元素 第五周期 第 IIB 族

相对原子质量： 112.4

密度： 8.65 g/cm^3

熔点： 321 ℃

沸点： 765 ℃

元素类别： 过渡金属

性质： 常温下为银白色金属，略带蓝色光泽

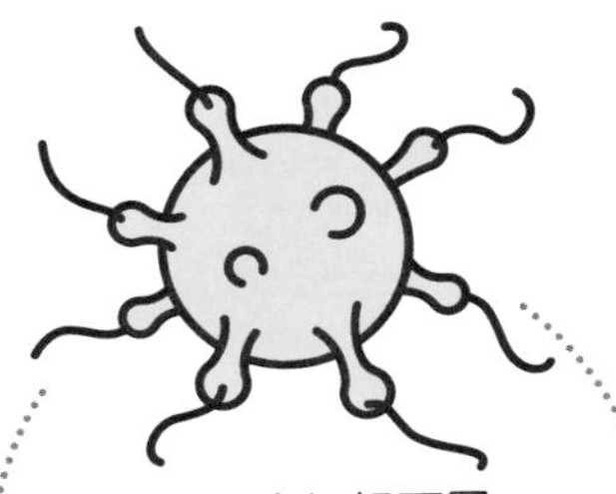

世界卫生组织下属的国际癌症研究机构将镉列为人类致癌物。

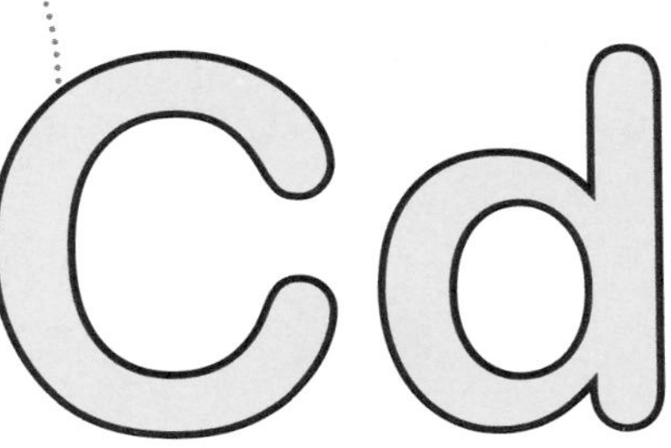

镉黄（CdS）有毒，但曾被凡·高、莫奈等画家用作黄色颜料。

镉是一种毒性较大的金属，被镉污染的空气和食物对人体有严重的危害。

介 绍

● 镉主要用于制造镍镉电池，但镉的毒性已催生了多项禁用立法，镍镉电池逐渐被锂离子电池和镍氢电池所取代。

● “埃”是一个比纳米还小的长度单位，1 埃 =10^{-10} 米。“埃”最初是根据镉的吸收光谱中的红色谱线波长（6438.46963 埃）来定义的。

● 地球上的镉污染主要来自工业排放和农药化肥的施用。20 世纪中叶，日本富山县出现了一种导致人体骨质疏松和关节剧痛的“痛痛病”，其罪魁祸首就是重金属镉。此后，许多国家日渐重视重金属的污染治理。

49 号元素 第五周期 第 IIIA 族

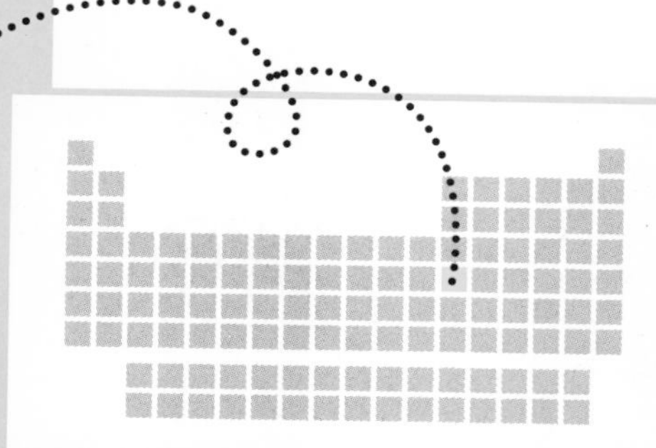

相对原子质量： 114.8

密度： 7.31 g/cm^3

熔点： 157 ℃

沸点： 2072 ℃

元素类别： 后过渡金属

性质： 常温下为银灰色金属

铟的质地柔软，用指甲就能在其表面留下划痕。纯铟棒折断时会发出“嚓嚓”的声音。

介 绍

● 我们所使用的手机、电视和电脑的屏幕都是导电玻璃制作的。玻璃能导电的秘密就是其中镀有一层氧化铟锡（ITO）。

● 铟是计算机、半导体等高科技领域的重要原料，但铟在地壳中含量低且开采难度大。为提高铟资源的利用率和可持续发展，我国非常重视废弃电子器件的回收，努力提高再生铟的循环利用，实现社会发展与环境保护的双赢。

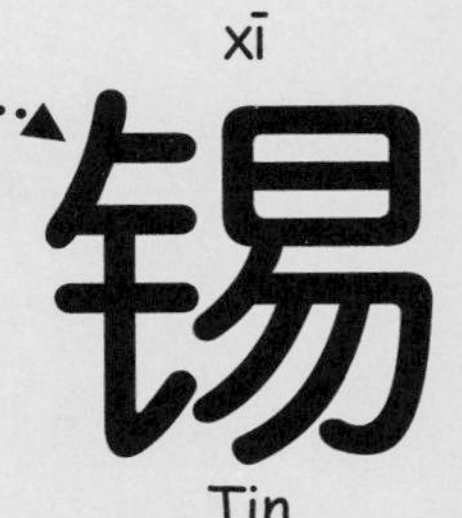

50 号元素

第五周期
第 ⅣA 族

相对原子质量： 118.7

密度： 7.31 g/cm³（白锡）

熔点： 232 ℃

沸点： 2603 ℃

元素类别： 后过渡金属

性质： 锡有两种常见的同素异形体，分别是白锡和灰锡

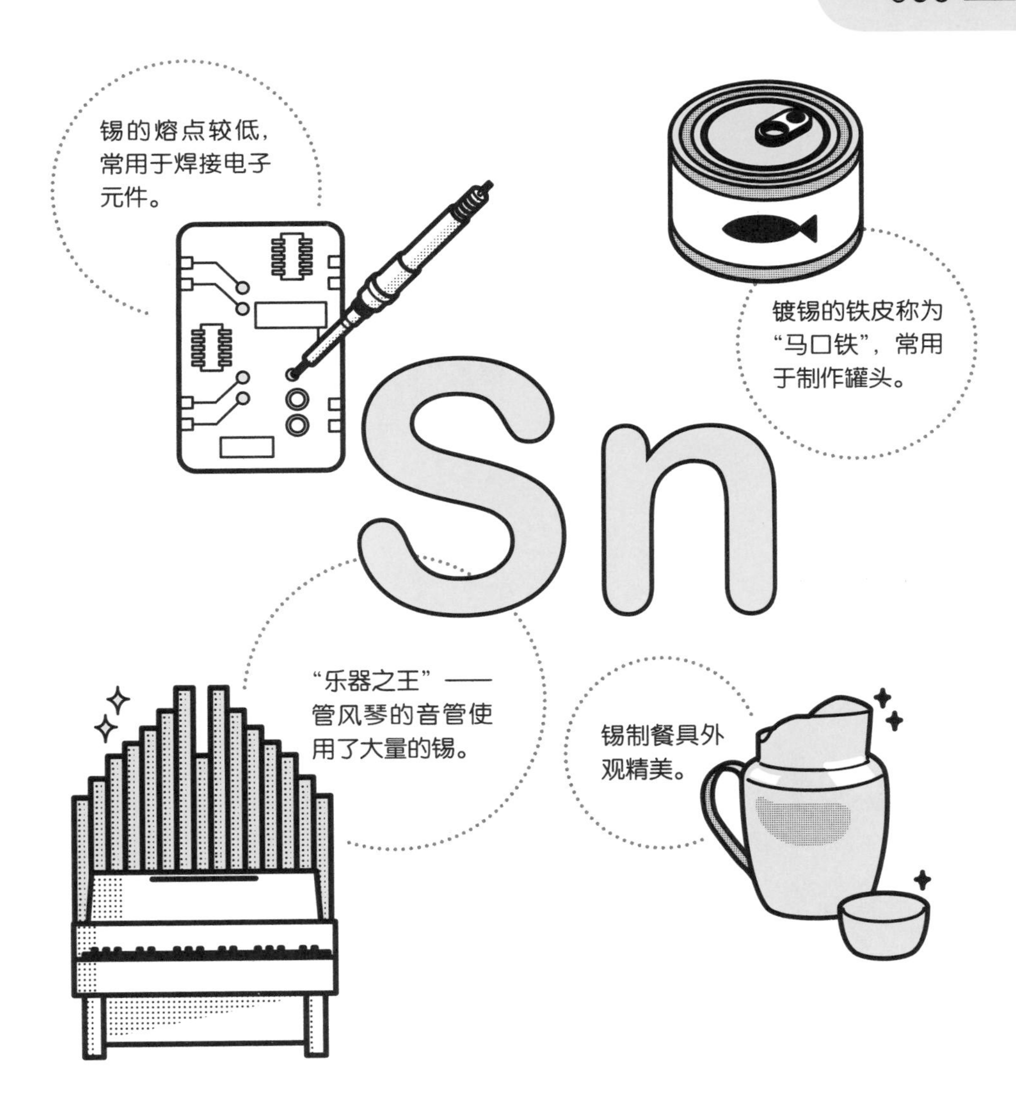

锡是大名鼎鼎的“五金”（金、银、铜、铁、锡）之一，但它在地壳中的含量并不高。

介绍

● 自然界中很少有纯净的金属锡。主要的锡矿是锡石，其化学成分为二氧化锡。只要把锡石与木炭放在一起加热，木炭便会把锡从锡石中还原出来。古人在有锡矿的地方烧篝火、烤野物，便能得到熔化了的银光闪闪的锡液。因此，锡很早就被人类所发现，并加入铜中制成青铜。

● 锡合金是一种非常重要的焊料，包括加铜焊锡、加锑焊锡等。焊锡是焊接线路中连接电子元器件的重要工业原料，它广泛应用于电子工业、家电制造业和维修业中。

● 锡是一种“怕冷”的金属。白锡在低温下会转变为粉末状的灰锡，并且转变一旦开始就会蔓延，导致整个锡制品的毁坏，这种现象被形象地称为“锡疫”。17世纪初，拿破仑率军远征俄国，军队御寒大衣上的白锡纽扣在冰天雪地中纷纷瓦解，许多士兵因此受寒生病甚至冻死，迫使拿破仑狼狈撤退。18 世纪初，英国的探险队进入冰天雪地的南极探险，低温使得锡制油桶化为灰土，装载的煤油漏得一干二净，探险队遭遇灭顶之灾。为了避免“锡疫”的发生，锡制品常以合金的形式存在，以增加耐用性。

重要反应

➡ 金属锡在常温下的化学性质比较稳定，不易被氧化。当加热到 150℃以上时，锡与氧气反应，生成二氧化锡：

$$Sn+O_2 \xlongequal{\triangle} SnO_2$$

➡ 锡是两性金属，与酸或碱均能发生反应，生成氢气：

$$Sn+2HCl = SnCl_2+H_2\uparrow$$
$$Sn+2NaOH = Na_2SnO_2+H_2\uparrow$$

tī 锑

Antimony

51 号元素

第五周期

第 VA 族

相对原子质量： 121.8

密度： 6.69 g/cm^3

熔点： 631 ℃

沸点： 1587 ℃

元素类别： 后过渡金属

性质： 常温下为银白色金属

锑及其化合物对人体和环境都有毒性。锑多与其他金属组成复合材料使用。

介绍

● 硫化锑是一种易燃物质。1826 年，英国人约翰·沃克发明了利用摩擦起火的火柴，其中的关键成分就是硫化锑。直到如今，火柴盒的侧面依然涂有红磷（作为发火剂）和硫化锑（作为易燃物）。

锑与中国

● 相对原子质量是元素的基本常数，表示不同原子之间的质量关系。锑元素的相对原子质量标准值是由中国科学家测定的，被确定为国际标准。

dì

碲

Tellurium

52 号元素 第五周期 第 VIA 族

相对原子质量： 127.6

密度： 6.24 g/cm^3

熔点： 450 ℃

沸点： 991 ℃

元素类别： 非金属

性质： 碲有两种同素异形体，分别是晶体碲和无定形碲

碲最初是从金矿中的碲化金矿石中提取得到的。碲的名称来源于拉丁文的“土地”（tellus）。

介 绍

● 碲化铋（Bi_2Te_3）和碲化铅（PbTe）都是广泛使用的热电材料。热电材料通电后，会出现一端温度上升而另一端温度降低的现象，因此热电材料能够通过电流和电压的大小调控制冷、制热的温度，是一种无污染的制冷材料。

● 碲对于电子电气工业来说是一种非常重要的元素。红外光电元件、激光器、发光二极管、光接收器等元件都运用了包括碲化镉、碲化汞、碲化锌在内的多种碲的半导体材料。

diǎn

碘

Iodine

53 号元素　第五周期　第 VIIA 族

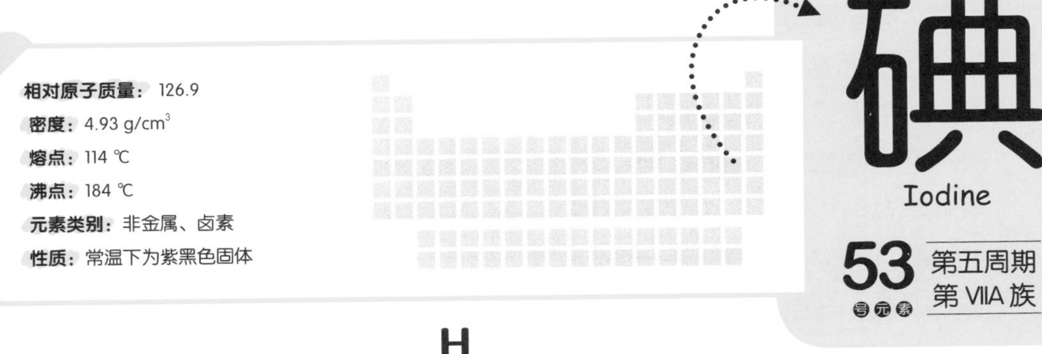

相对原子质量： 126.9

密度： 4.93 g/cm³

熔点： 114 ℃

沸点： 184 ℃

元素类别： 非金属、卤素

性质： 常温下为紫黑色固体

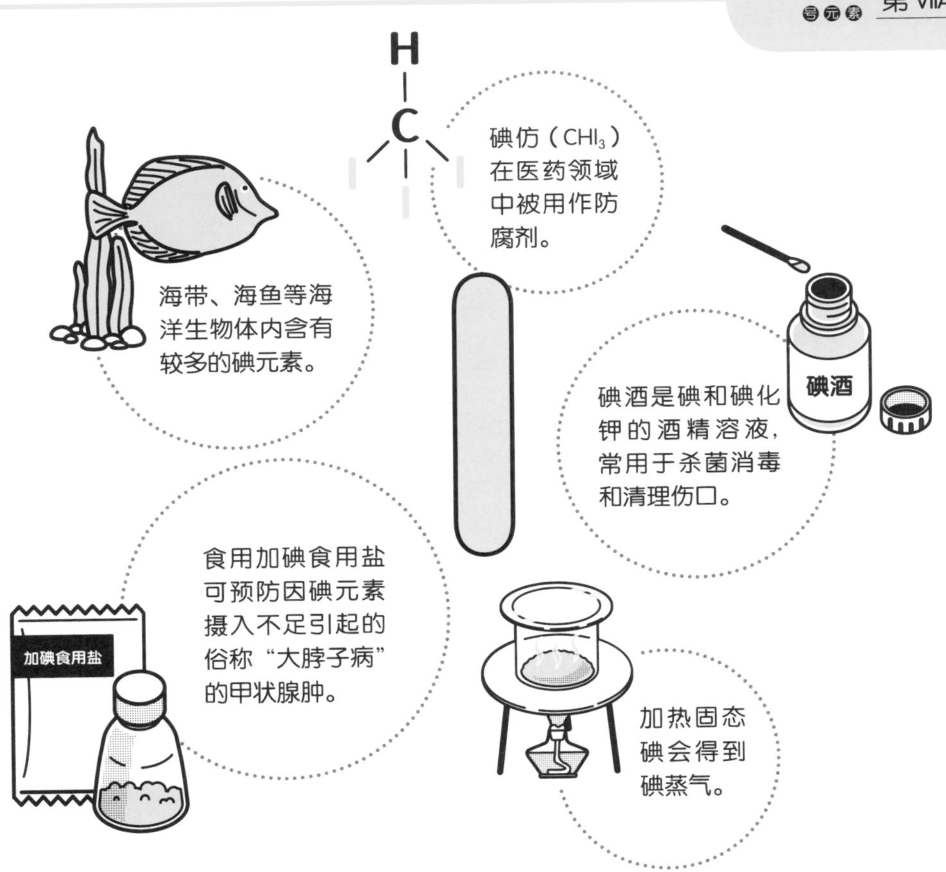

碘是一种来自海洋的元素。由于在人类生理上具有重要的作用，碘也被称为“智力元素”。

介　绍

● 升华是指在一定温度和气压条件下，物质由固态直接变成气态而不经过液态的物理过程。衣柜中樟脑球使用之后逐渐变小直至消失，就是生活中常见的升华现象。碘微微加热就可升华，得到紫红色的碘蒸气。

● 碘元素对于生命体是极其重要的。碘是人体中维持甲状腺正常功能的必需元素。甲状腺素参与人体的新陈代谢，起着促进骨骼发育和蛋白质合成、维护中枢神经系统正常结构的作用。大多数海洋动植物的新陈代谢都与海水里的碘化物和碘酸盐有关。因此，人们可以通过食用海带和海鱼等富含碘的食物补碘。

● 人们曾认为塑料是一种绝缘体。但2000年诺贝尔化学奖的三位得主艾伦·黑格、艾伦·马克迪尔米德和白川英树研制的一种掺碘的有机聚合物也可以像金属导体那样导电。他们发现，在聚乙炔塑料中掺入碘后，它的导电性比普通塑料提高了数千万倍。利用这种神奇的导电聚合物材料，可以制造出抗静电地毯和智能窗户。在军事领域，可以利用导电聚合材料吸收微波的特性让飞机从雷达图中消失，实现“隐身”的效果。

重要反应

➡ 碘单质常温下可以与化学性质活泼的金属直接发生反应。例如，碘可以与钠反应，生成碘化钠：

$$I_2+2Na = 2NaI$$

➡ 碘的活泼性不如其他卤素（F、Cl、Br），因此位于碘之前的卤素可以将碘从碘化物中置换出来：

$$Br_2+2HI = 2HBr+I_2$$

➡ 碘化氢可以与浓硫酸反应，生成碘单质，这就是碘被发现的过程：

$$2HI+H_2SO_4(浓) = I_2+SO_2\uparrow+2H_2O$$

第五周期

相对原子质量： 131.3

密度： 5.90 g/L（0 ℃，1 atm）

熔点： –112 ℃

沸点： –108 ℃

元素类别： 稀有气体

性质： 常温下为无色、无味的气体

氙最初被认为是化学惰性的，因此得名于希腊语“陌生人”（xenos）。但如今已有超过 100 种氙的化合物被制造出来。

介 绍

● 20 世纪 60 年代，英国化学家尼尔·巴特利特首次制成了六氟合铂酸氙（$XePtF_6$），打破了化学界中持续多年的“稀有气体对化学反应完全惰性”的假设。

● 氙气最重要的应用是制造氙灯。氙气可产生白色超强电弧光，亮度远远高于普通灯泡。氙灯可以用作照相机闪光灯和频闪灯，也可以用作汽车照明，以提高夜间和雾天的行车安全性。

重 点
总 结

第六周期

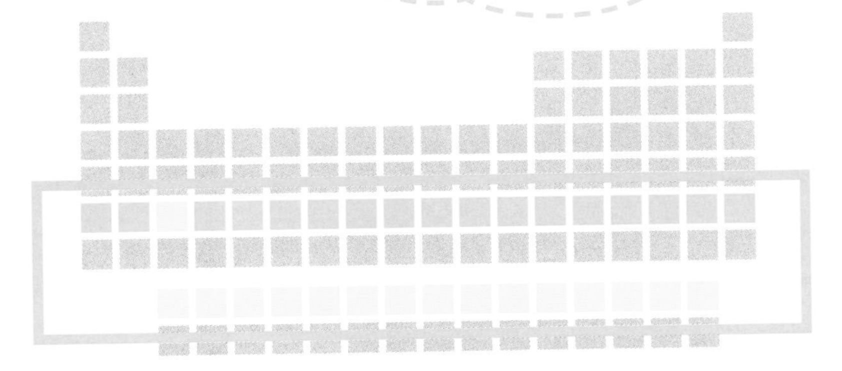

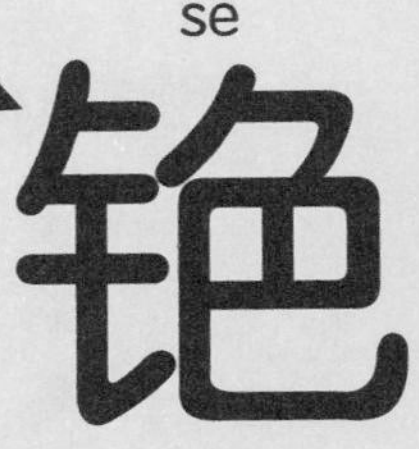

相对原子质量：132.9

密度：1.87 g/cm³

熔点：28 ℃

沸点：671 ℃

元素类别：碱金属

性质：常温下为泛黄的银白色金属

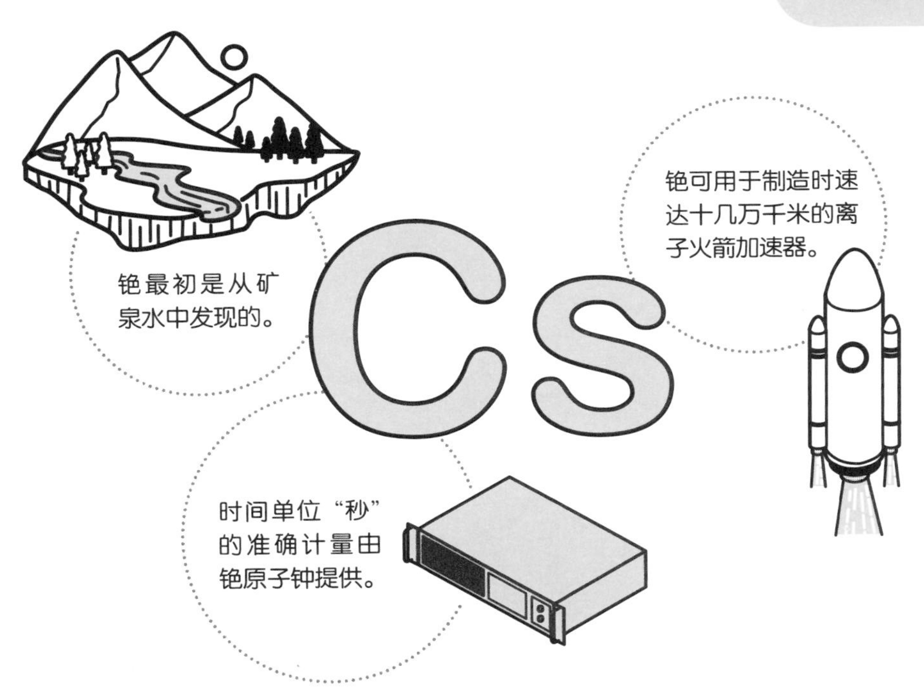

常温下，铯的硬度是所有固体元素中最低的。铯是化学性质极其活泼的元素之一。

介 绍

● 铯原子最外层的电子绕着原子核旋转，总是极其精确地在几十亿分之一秒的时间内转完一圈，稳定性甚至比地球自转还要高得多。人们根据铯的这个特点，制成了一种新型的钟——铯原子钟。铯原子钟的准确性极高，2000 万年内仅偏差 1 秒，而且不会受到外界环境的影响。但铯原子钟并不直接显示钟点，它的任务是提供“秒”这个时间单位的准确计量。

56号元素 第六周期 第 IIA 族

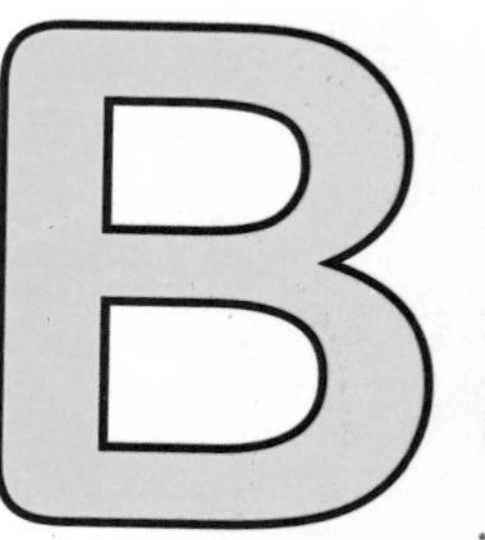

相对原子质量： 137.3

密度： 3.51 g/cm^3

熔点： 729 ℃

沸点： 1898 ℃

元素类别： 碱土金属

性质： 常温下为银白色金属

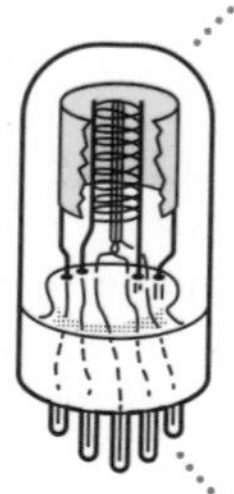

电子管是一种早期收音机中使用的信号放大器，它的内壁上镀有金属钡，以保持内部高度真空。

Ba

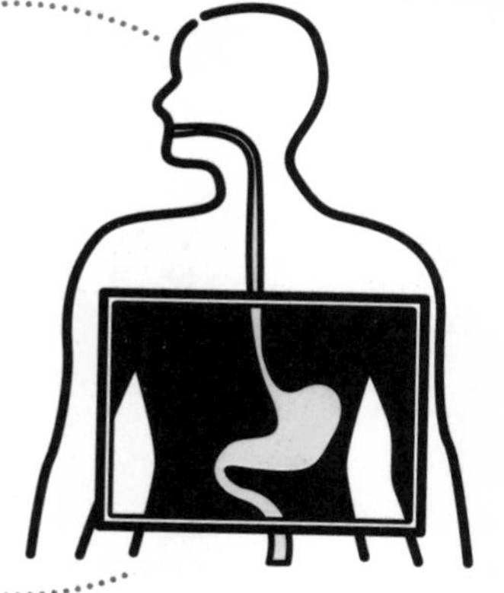

硫酸钡常作为消化系统检查的 X 射线造影剂。

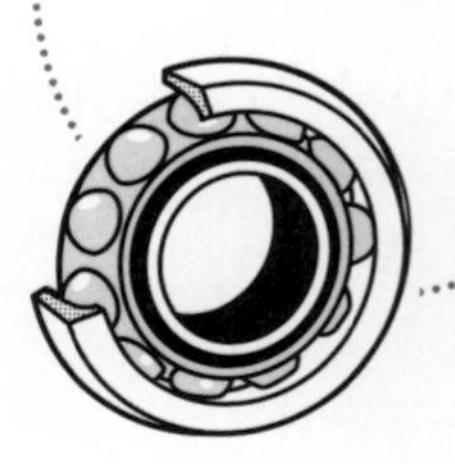

金属钡是用作轴承的合金的成分之一。

钡得名于希腊语“重”（barys）。钡单质的密度在金属中并不算高，但钡的化合物往往具有较高的密度。

介 绍

● 人们去医院做胃肠道 X 射线检查前，通常需要服用一种白色黏稠物质——钡餐。钡餐是硫酸钡的悬浊液，它的密度比人体组织大，可作为造影剂让消化道的 X 射线成像更清晰。虽然钡离子有毒，但硫酸钡难溶于水且不与胃酸反应，可认为对人体无害。

● 钛酸钡（$BaTiO_3$）具有高介电常数、低介电损耗，还具有优良的铁电性、压电性、耐压性和绝缘性等性能，广泛应用在电子陶瓷领域，用于制造多层陶瓷电容器、热电元件、压电陶瓷等，被誉为电子陶瓷业的支柱。

● 重晶石是钡元素的最常见矿物，它的成分是硫酸钡。重晶石加工而成的锌钡白颜料是一种常用的优质白色颜料，俗称“立德粉”。重晶石的另一个重要用途是作为钻井泥浆的加重剂。在地下压力较高的情况下，常需要密度较高的泥浆。往泥浆中加入重晶石粉是增加泥浆密度的有效措施。

重要反应

钡在空气中会缓慢氧化，生成氧化钡：

$$2Ba+O_2 = 2BaO$$

氧化钡在空气中点燃会发出绿色的火焰，生成过氧化钡：

$$2BaO+O_2 \xlongequal{点燃} 2BaO_2$$

钡能与水发生反应，生成氢氧化钡与氢气：

$$Ba+2H_2O = Ba(OH)_2+H_2\uparrow$$

氢氧化钡可与硫酸反应，生成硫酸钡沉淀和水：

$$Ba(OH)_2+H_2SO_4 = BaSO_4\downarrow+2H_2O$$

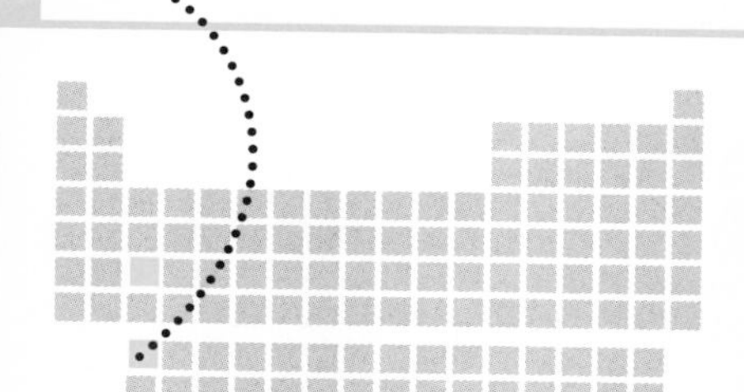

相对原子质量：138.9

密度：6.16 g/cm³

熔点：920 ℃

沸点：3464 ℃

元素类别：稀土、镧系元素

性质：常温下为银灰色金属

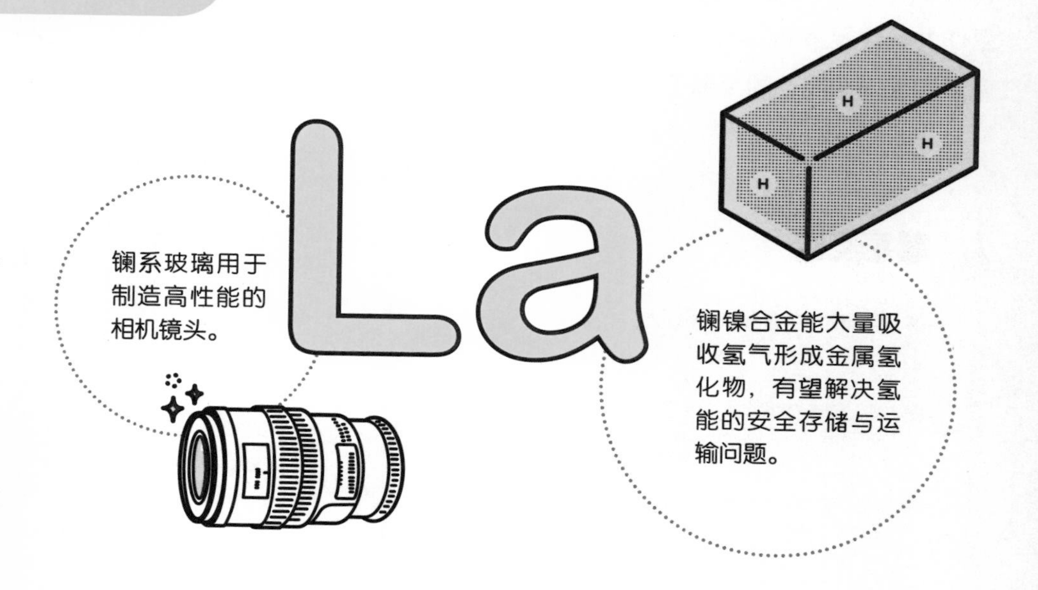

元素周期表中 57 号元素镧到 71 号元素镥的这 15 种元素统称为“镧系元素”，它们因性质接近而被归为同一族。所有镧系元素都是稀土元素。

介 绍

● 元素周期表第六周期的原子内层电子轨道的可容纳电子数比上一个周期多了 14 个，由此诞生了“镧系元素”。在元素周期表中，镧系元素通常被单独安排在表的最下方，这样既能避免元素周期表过于冗长，也能很好地体现镧系元素原子结构的特殊性。

● 镧系玻璃中含有较多的氧化镧（La_2O_3），具有高折射率、低色散的特性。镧系玻璃大量用于摄像机、扫描仪、投影仪以及潜望镜的镜头上。

相对原子质量： 140.1

密度： 6.77 g/cm^3

熔点： 795 ℃

沸点： 3443 ℃

元素类别： 稀土、镧系元素

性质： 常温下为银白色金属

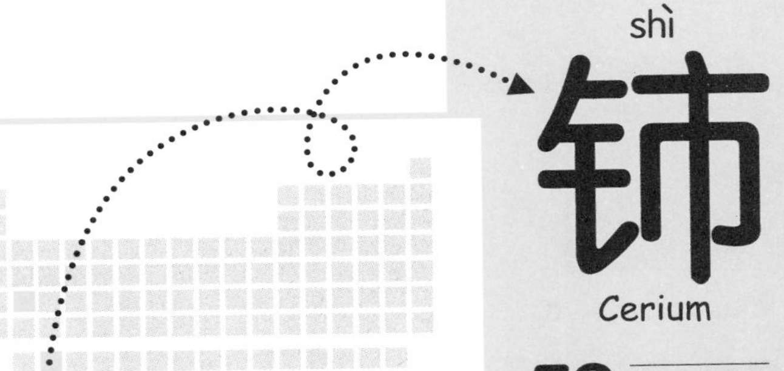

铈

shì

Cerium

58 号元素

第六周期 第 ⅢB 族

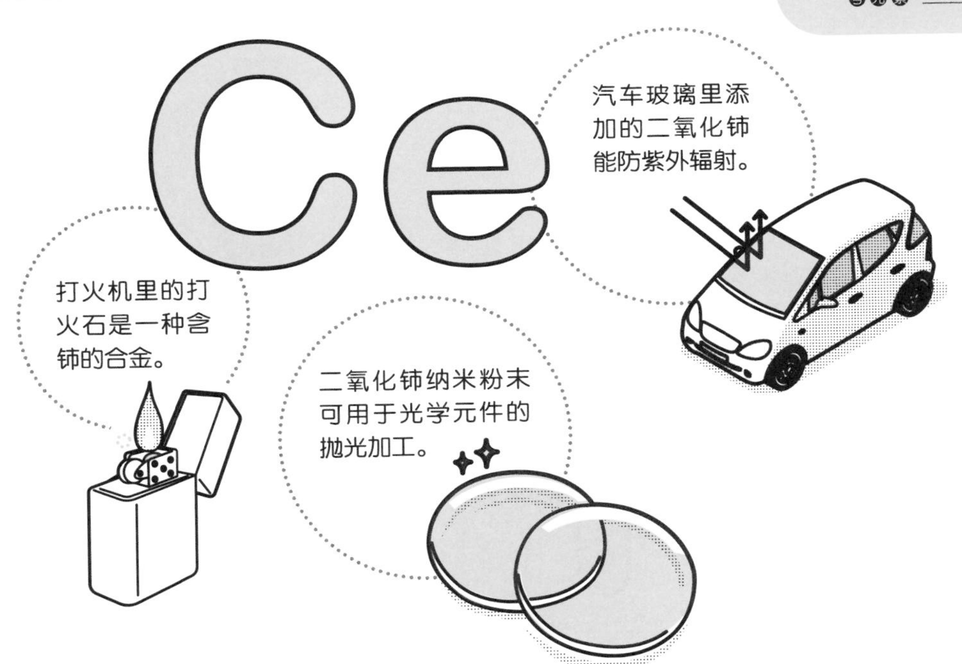

铈是自然界中储量最多的一种稀土元素。我国拥有着十分丰富的铈资源，是铈的主要出口国。

介 绍

● 铈可以形成三价或者四价的铈离子，这种变价特性使铈具有很好的氧化还原性能。二氧化铈（CeO_2）是稀土氧化物中活性最高的一种，在汽车尾气催化剂和石油裂化催化剂中有着广泛的应用。

● 铈活泼的化学性质使得它在冶金领域中也能大展身手。例如，添加 1% 左右的铈就能改善镁合金强度低、韧性差的情况。铈元素的加入能够细化合金组织，使金属微粒的分布更加均匀，起到“点石成金”的效果。

pǔ

镨

Praseodymium

59 号元素 第六周期 第 IIIB 族

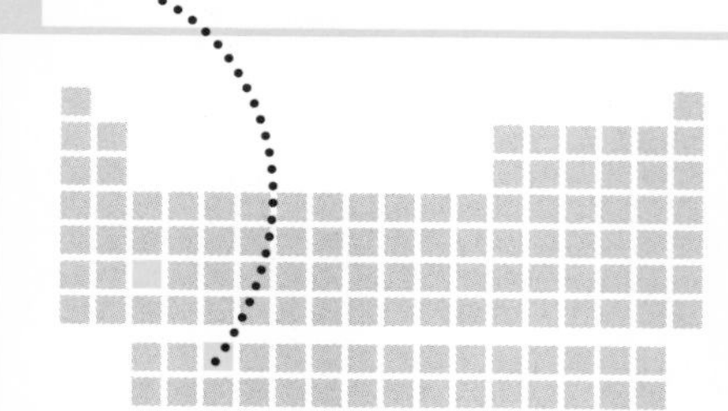

相对原子质量： 140.9

密度： 6.77 g/cm³

熔点： 931 ℃

沸点： 3512 ℃

元素类别： 稀土、镧系元素

性质： 常温下为银白色金属

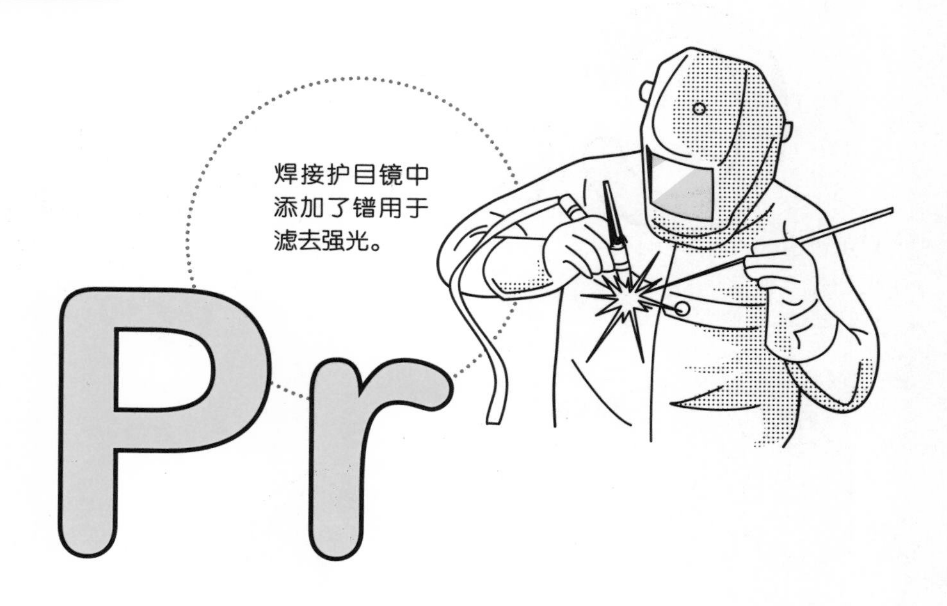

镨的盐类呈现漂亮的青苹果色，因此它的英文名称来自希腊语“绿色”（praseo）。

介 绍

● 镨是一种用量较大的稀土元素，可广泛用于掺镨光纤放大器、塑料改性添加剂、磁性改性、化工催化剂等领域，是一种优秀的“协同元素”。

● 历史上，科学家们曾一度未继续分离镨钕混合物，故认为镨和钕是同一种元素。因为这一渊源，镨和钕两种元素的英文名称词尾都是“dymium”，来自希腊语“孪生兄弟”（didymos）。

nǚ
钕
Neodymium

60 号元素

第六周期
第 IIIB 族

相对原子质量： 144.2
密度： 7.00 g/cm^3
熔点： 1024 ℃
沸点： 3074 ℃
元素类别： 稀土、镧系元素
性质： 常温下为银白色金属

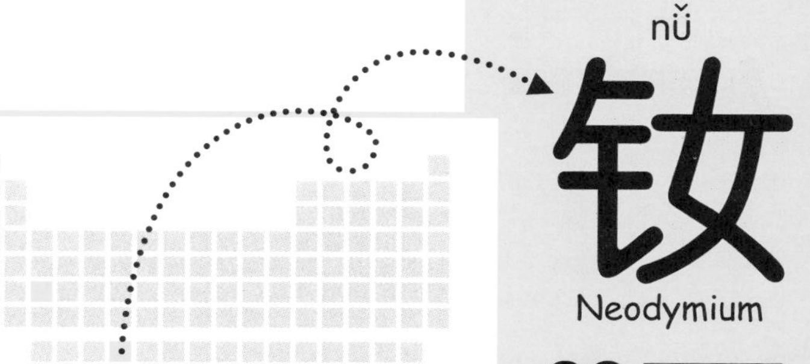

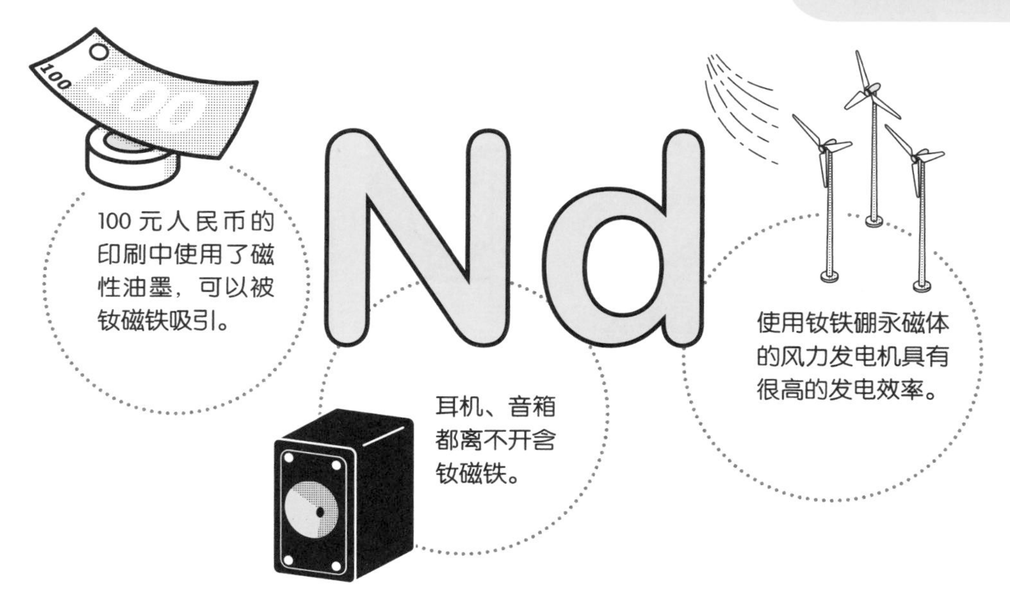

钕在稀土元素中具有重要的地位，与我们的生活密切相关，它是制造稀土永磁体的重要材料。

介 绍

● 永磁材料是指磁化后能长时间保持磁性的材料。钕铁硼磁铁（$Nd_2Fe_{14}B$）是一种永磁材料，被认为是世界上最强的磁铁之一。钕铁硼磁铁被广泛用于硬盘、手机等电子产品和汽车工业中。例如，硬盘中使用钕铁硼磁铁，可以大幅提升硬盘的数据存储密度；电机中使用钕铁硼磁铁，在不牺牲输出功率的前提下可以将电机的质量和体积同时减小约 30%。

● 在玻璃熔体中添加氧化钕（Nd_2O_3）可以制备得到钕玻璃。在日光照射下，钕玻璃会呈现出薰衣草色；在荧光灯照射下，它则呈现出淡蓝色。

pǒ

钷

Promethium

61 号元素

第六周期

第 ⅢB 族

相对原子质量：（145）

密度：7.26 g/cm^3

熔点：1042 ℃

沸点：3000 ℃

元素类别：稀土、镧系元素

性质：常温下为银白色金属

钷作为放射性发光材料，可用于仪表刻度和指针的夜间显示。

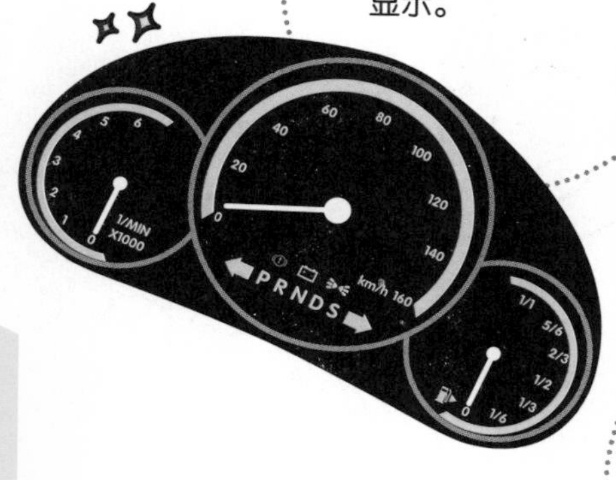

Pm

美国的阿波罗登月舱中搭载了125个钷-147原子灯。

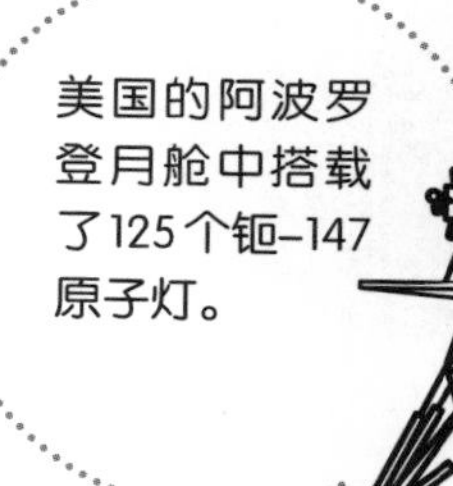

自然界中几乎不存在含钷矿物，地球上天然存在的钷甚至不到1千克。

介 绍

● 钷是继 43 号元素锝之后第二个人工合成的元素。天然的钷会随时间流逝而衰变为其他元素，因此它在自然界中的含量微乎其微。人们起初想模仿锝元素的发现过程，尝试使用回旋加速器制造钷，却是竹篮打水一场空。直到 1945 年，美国科学家们才在放射性元素铀的裂变产物中找到了钷，并以希腊神话中的普罗米修斯（Prometheus）的名字来命名它。

相对原子质量： 150.4

密度： 7.52 g/cm^3

熔点： 1072 ℃

沸点： 2173 ℃

元素类别： 稀土、镧系元素

性质： 常温下为银白色金属

62 号元素 第六周期 第 IIIB 族

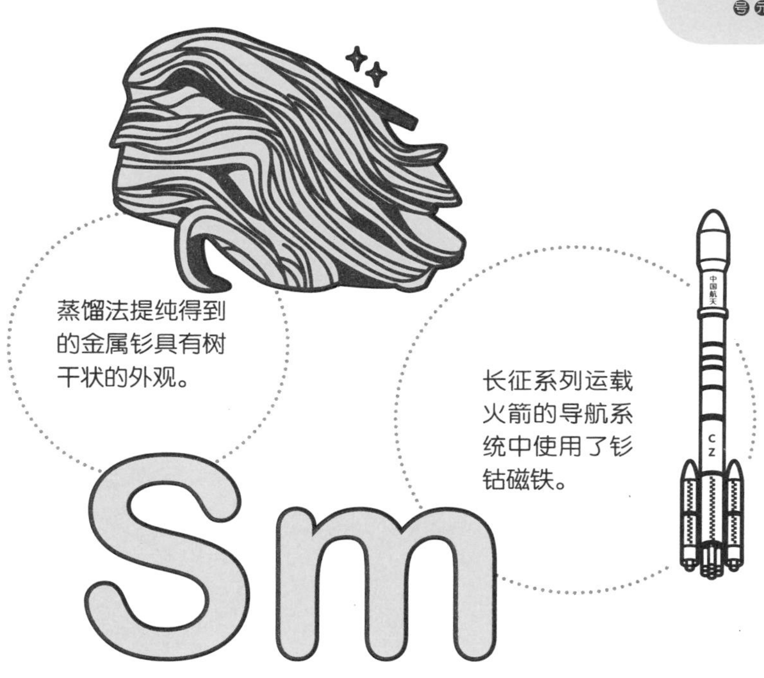

钐得名于一位俄罗斯矿业官员，他提供了一种以他自己名字命名的矿石（Samalskite），后由科学家从中分离并发现了钐。

介 绍

● 钐钴磁铁（$SmCo_5$ 和 Sm_2Co_{17}）是一种稀土永磁体。相较于钕铁硼磁铁，钐钴磁铁有着更好的高温稳定性和化学稳定性，所以经常在军工和航空等领域中使用。搭载人类首次登上月球的“阿波罗 11 号”宇宙飞船的导航系统就使用了钐钴磁铁，是稀土元素用于尖端技术的典范。

yǒu

铕

Europium

63 号元素

第六周期

第 ⅢB 族

相对原子质量： 152.0

密度： 5.26 g/cm³

熔点： 822 ℃

沸点： 1597 ℃

元素类别： 稀土、镧系元素

性质： 常温下为银白色金属

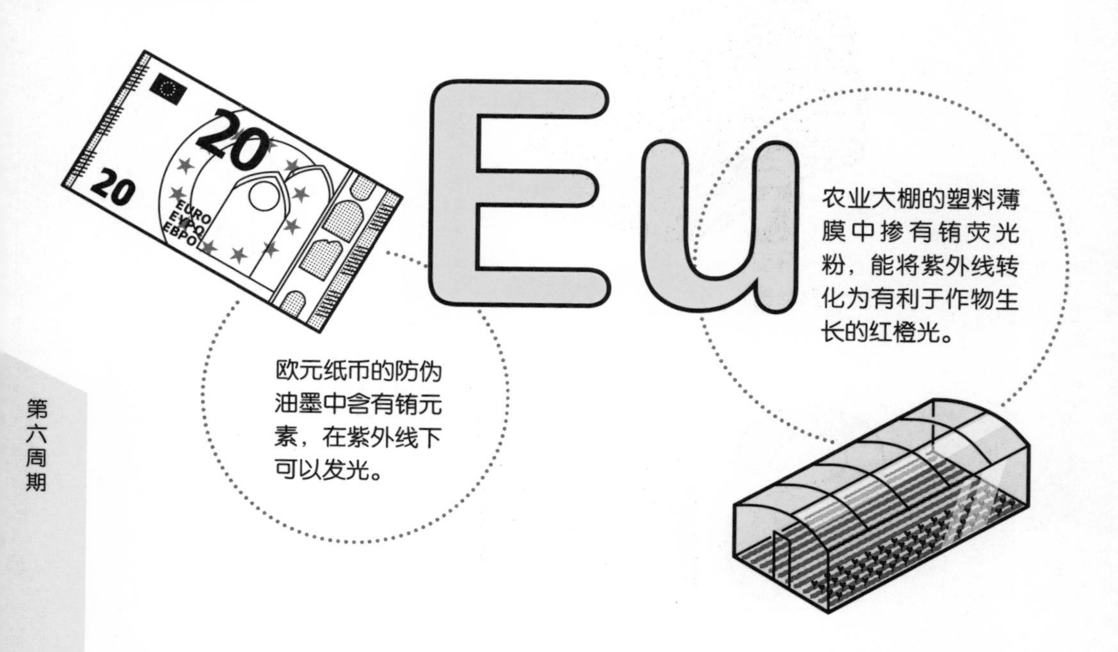

铕元素最初在欧洲（Europe）被发现并以此命名。铕是最活泼的镧系元素。

介 绍

● 有机发光二极管（OLED）是一种在电场驱动下可以使有机半导体和发光材料发光的元件。基于 OLED 的显示屏具有色彩鲜艳的特点，主要使用在手机、电视和宣传大屏幕中，尤其是可弯曲折叠显示屏。OLED 显示需要高色纯度的红、绿、蓝三色光，其中的红光发射主要依赖铕的化合物。Eu^{3+} 的化合物是一种非常优质的有机电致红光发光材料。此外，Eu^{2+} 的化合物还能用于发射蓝光。

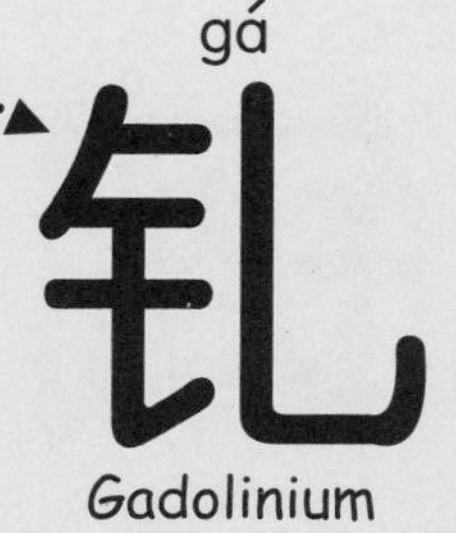

64 号元素　第六周期　第 IIIB 族

相对原子质量： 157.3

密度： 7.90 g/cm^3

熔点： 1313 ℃

沸点： 3273 ℃

元素类别： 稀土、镧系元素

性质： 常温下为银白色金属

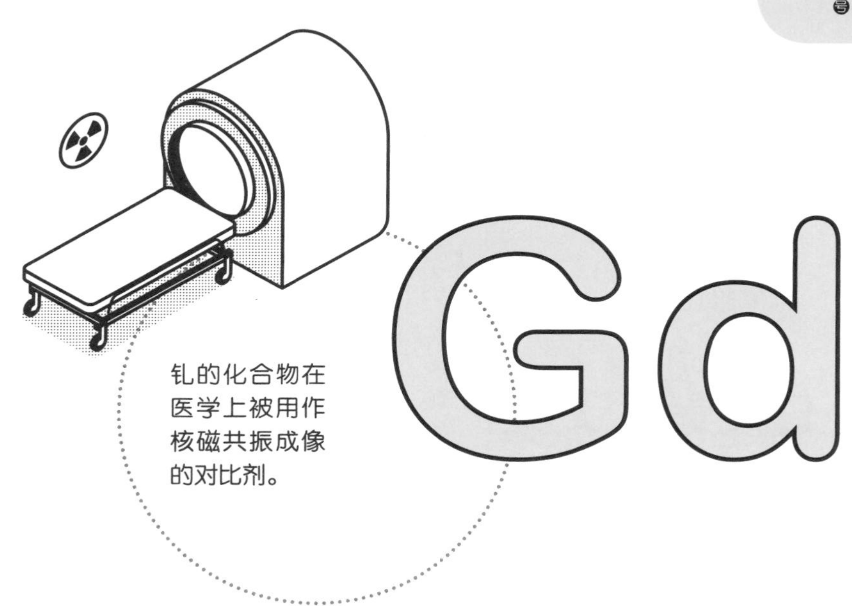

钆的化合物在医学上被用作核磁共振成像的对比剂。

钆的命名是为了纪念约翰·加多林（J. Gadolin）——发现了钇，并为稀土元素的研究做出了首创性贡献的芬兰化学家。

介　绍

● 金属钆具有一种奇特的"磁热效应"：将钆放入磁场中会放热；移去磁场后，钆又会吸热使外界降温。应用这一特点可以制造磁制冷机。与传统的气体压缩制冷技术相比，磁制冷技术属于固态制冷，不需要制冷剂，不会对环境造成污染，是一项极富前景的未来科技。

● 核磁共振成像是一种医疗诊断工具，通过外加磁场检测人体的内部结构。顺磁性钆螯合物（Gd-DTPA）被用作核磁共振成像的对比剂，它通过静脉注射进入人体，能使核磁共振图像对比更为明显，有利于病情的诊断。

tè

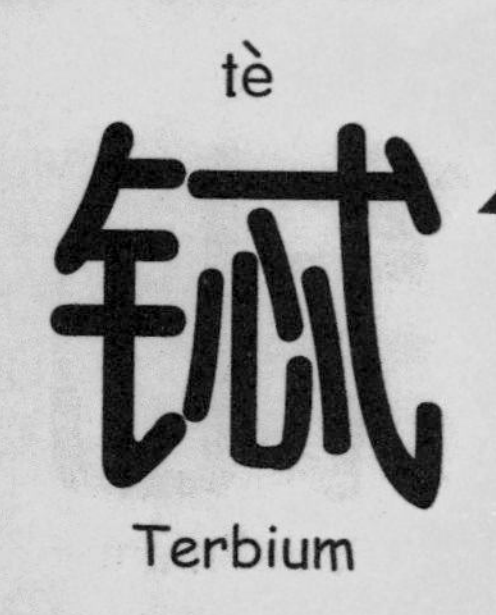

Terbium

65 号元素 第六周期 第 IIIB 族

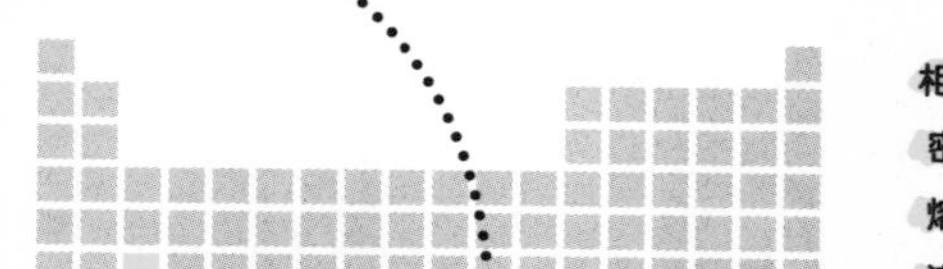

相对原子质量：158.9

密度：8.23 g/cm^3

熔点：1356 ℃

沸点：3230 ℃

元素类别：稀土、镧系元素

性质：常温下为银白色金属

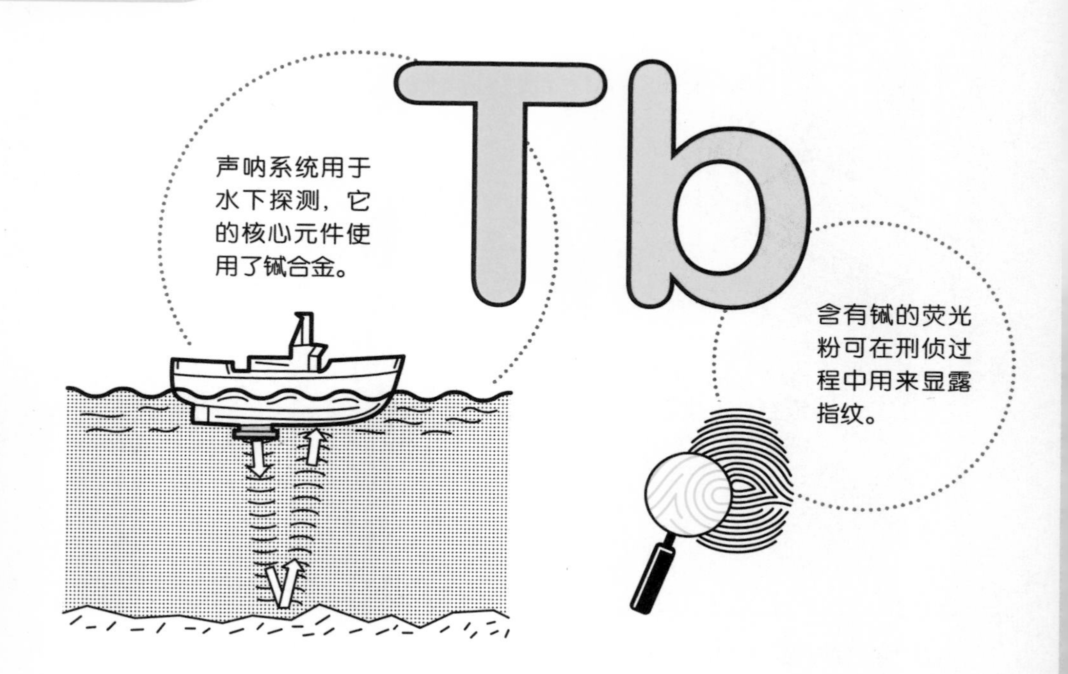

铽的应用大多涉及包括军事领域在内的高科技领域。

介 绍

● 含有铽、铁、镝元素的 Terfenol-D 是一种铽合金。这种材料能在磁场作用下发生膨胀或者收缩，具有磁致伸缩的效应，被用于制造精密仪器部件，包括声呐元件、机械微定位器、太空望远镜的调节系统和飞机机翼的调节器等。

● 总共有七种稀土元素在瑞典首都斯德哥尔摩附近的伊特比（Ytterby）被发现，其中四个元素得名于伊特比的地名，分别是钇（Y）、铽（Tb）、铒（Er）和镱（Yb）。

dí

镝

Dysprosium

66 号元素

第六周期

第 IIIB 族

相对原子质量： 162.5

密度： 8.55 g/cm^3

熔点： 1409 ℃

沸点： 2562 ℃

元素类别： 稀土、镧系元素

性质： 常温下为银白色金属

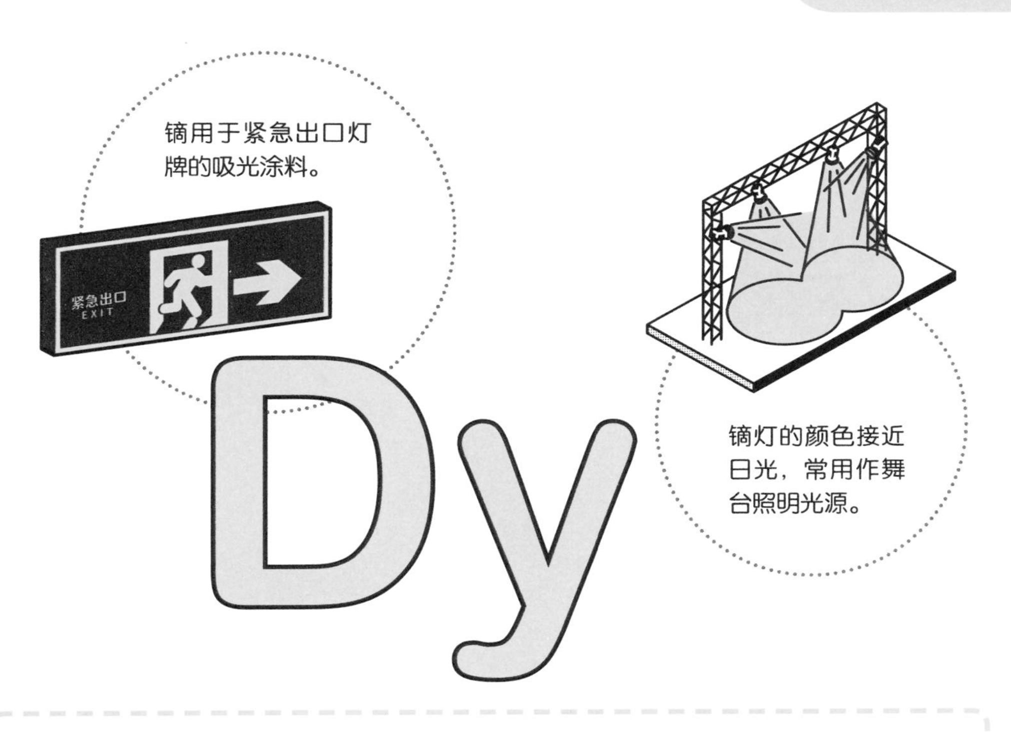

镝的名称来自希腊语“难以获得”（dysprositos），因为它曾一度难以与其他稀土元素分离。

介 绍

● 镝的卤化物（如碘化镝）是镝灯中的发光材料。镝灯有着亮度大、寿命长等优点。舞台、电影、印刷的照明都使用镝灯作光源。

● 镝铁钴薄膜是一种磁光存储材料。用镝铁钴薄膜制造的磁光盘具有存储密度高、读取速度快的优势。目前主要的磁光材料中都含有镝和铽，镝的价格优势使它被更广泛地应用。

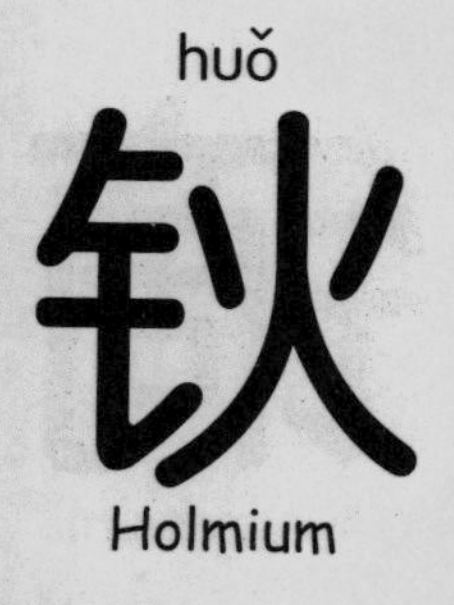

67 号元素 第六周期 第ⅢB族

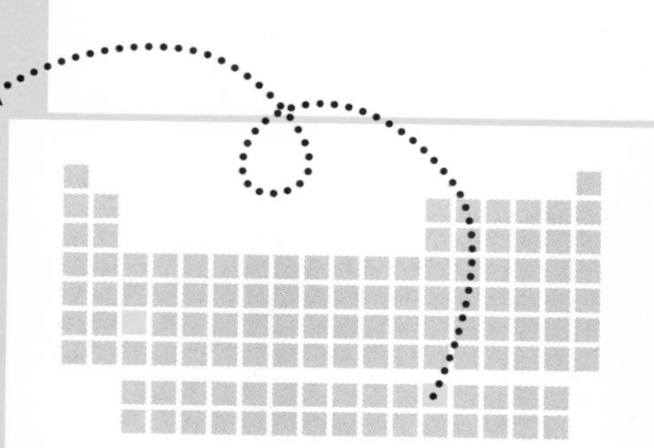

相对原子质量： 164.9

密度： 8.79 g/cm^3

熔点： 1461 ℃

沸点： 2600 ℃

元素类别： 稀土、镧系元素

性质： 常温下为银白色金属

钬用于医疗激光器中。

钬是从伊特比的矿石中发现的七个稀土元素之一，它以发现者佩雷·克莱夫的出生地——瑞典首都斯德哥尔摩（拉丁语“Holmia”）命名。

介 绍

● 钬激光具有极好的切割能力，在医疗领域被广泛应用。钬激光在临床上常用于结石的碎解，包括坚硬的肾结石和输尿管结石的碎解等。钬激光的发热较少，使用过程中不会产生过多的热量，能减少对人体健康组织的热损伤。

ěr
铒
Erbium

68 号元素 第六周期 第 IIIB 族

相对原子质量： 167.3
密度： 9.07 g/cm^3
熔点： 1529 ℃
沸点： 2868 ℃
元素类别： 稀土、镧系元素
性质： 常温下为银白色金属

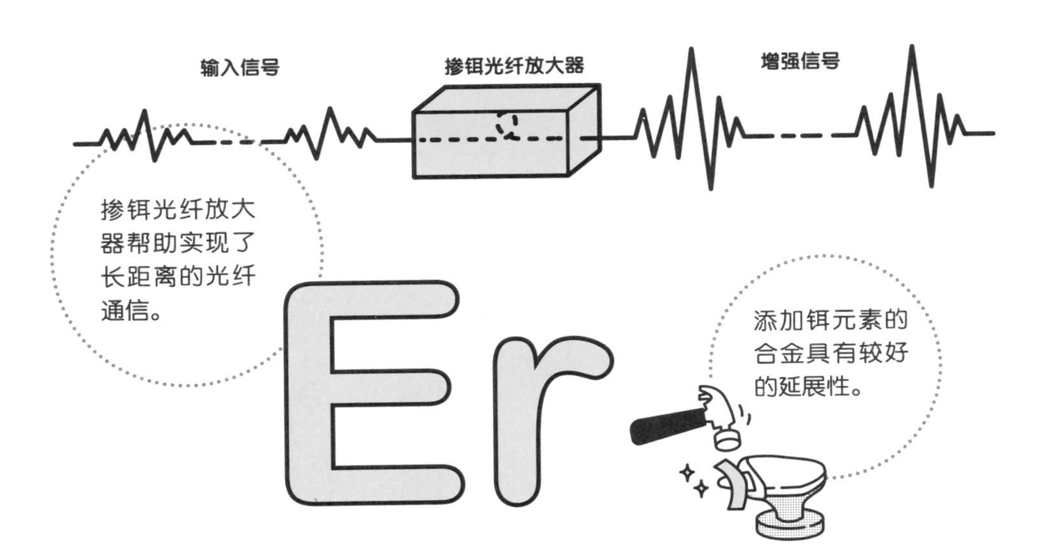

铒的氧化物刚被发现时，曾被错误地命名为“氧化铽”，直到1860年后才得到更正。

介 绍

● 我们在介绍硅元素时提到过光纤。需要补充的是，光纤中的信号强度会随传输距离的增加而衰减。为解决这个问题，人们在光纤中加入微量的铒离子（Er^{3+}），制成掺铒光纤放大器（EDFA）。在激光器的配合下，放大器可以产生与入射光特征相同，但强度增加的新信号。每隔一段距离使用放大器，就能延长信号传输距离，从而实现远程通信。虽然铒元素在全世界光纤中的用量极少，仅为千克级，但它却在长距离通信的应用中不可或缺。

diū

铥

Thulium

69 号元素 第六周期 第 IIIB 族

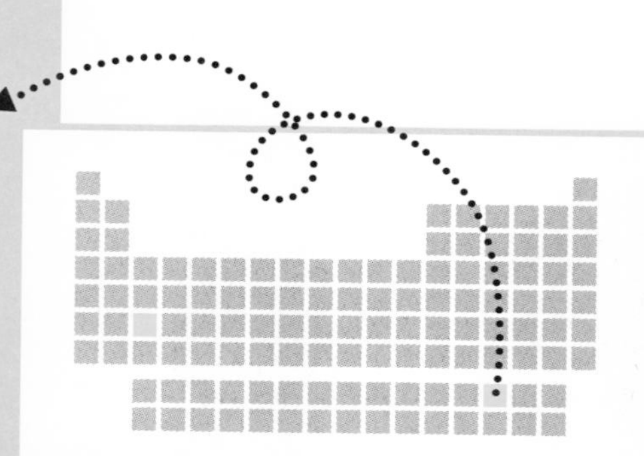

相对原子质量：168.9

密度：9.32 g/cm^3

熔点：1545 ℃

沸点：1947 ℃

元素类别：稀土、镧系元素

性质：常温下为银灰色金属

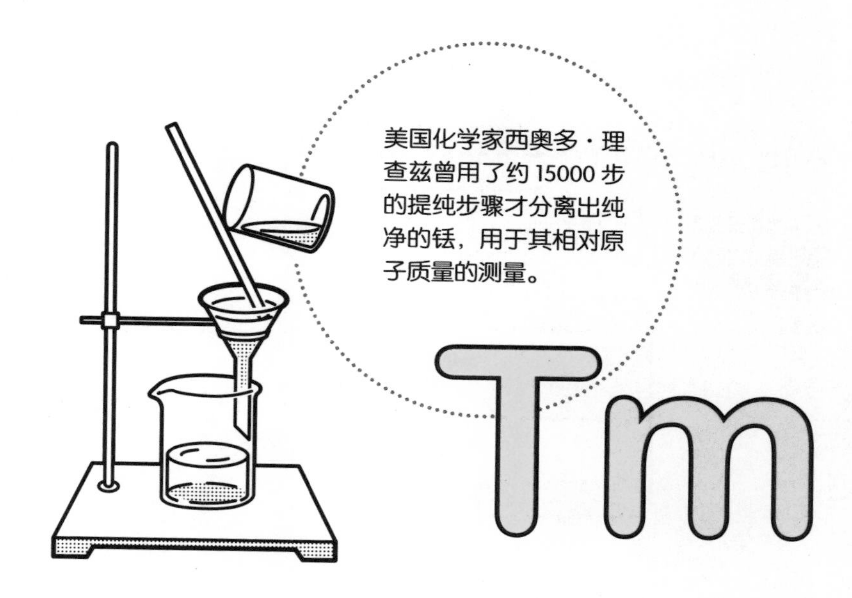

第六周期

铥的命名和钬类似，它的名称用于纪念发现者佩雷·克莱夫的祖国瑞典所在地斯堪的纳维亚半岛（Thulia）。

介 绍

● 铥有三十多种同位素，但天然稳定存在的只有铥-169。另外，铥-170 是一种低能放射性同位素，能放出 X 射线，可以制成便携式 X 射线的辐射源，用于材料的探伤及癌症的放射性治疗。

● 铥是激光材料的重要掺杂元素。掺杂铥元素的激光器用于人体组织表面的消融术。此外，掺铥激光器在精细切割、气象和军事方面也有着一定的应用潜力。

yì

镱

Ytterbium

70 号元素

第六周期
第 IIIB 族

相对原子质量：173.0

密度：6.54 g/cm³

熔点：824 ℃

沸点：1196 ℃

元素类别：稀土、镧系元素

性质：常温下为银白色金属

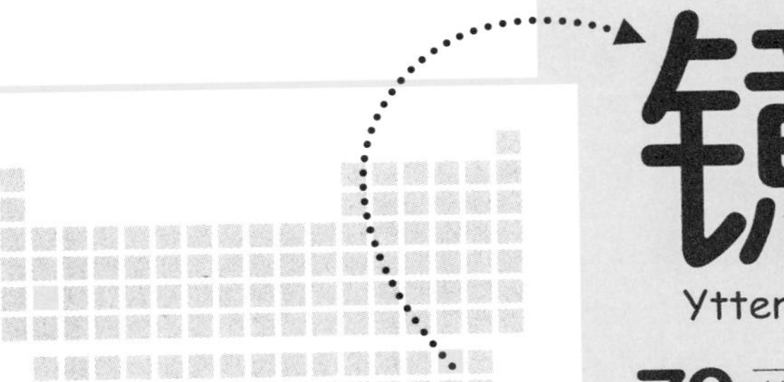

镱的导电性在外压很强时会改变，可利用这个特性来探测地震波和核爆炸。

镱属于重稀土元素，可利用资源非常有限。镱的产品价格昂贵，限制了其用途。

介 绍

● 镱最重要的用途是加工优质的激光材料。大部分掺镱的激光晶体是高功率的激光材料，在导弹探测等军事国防领域有一定的应用。

● 镱（Ytterbium，Yb）和钇（Yttrium, Y）都属于稀土元素。它们不仅英文名称十分类似，而且中文发音也很相近，分别读作 yì 和 yǐ 。因此，在查阅相关资料或使用时要注意区分。

lǔ

镥

Lutetium

71 号元素

第六周期
第 IIIB 族

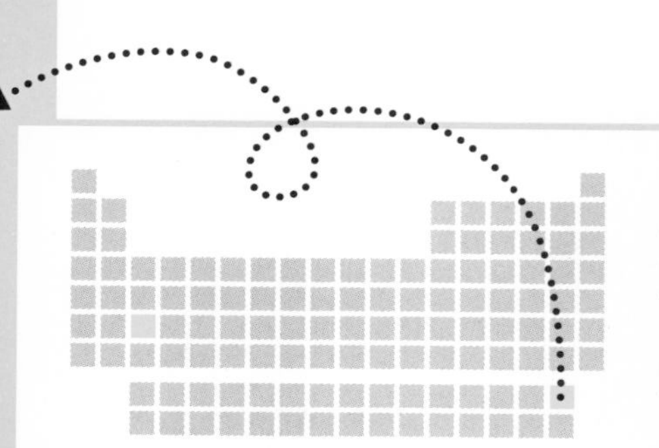

相对原子质量： 175.0

密度： 9.84 g/cm^3

熔点： 1652 ℃

沸点： 3402 ℃

元素类别： 稀土、镧系元素

性质： 常温下为银白色金属

镥的名称来自“巴黎”在古拉丁文中的名称——Lutetia，这是发现者乔治·乌尔班的出生地。

镥是少数几种直到 20 世纪才被发现并确定的自然元素之一。

镥的密度、硬度以及熔点是“镧系家族”中最大的。但由于生产困难，镥的商业用途很少。

介 绍

● 镧系元素中，镥的原子半径最小。元素周期表中的原子半径遵循怎样的规律呢？整体来说，同一周期的元素，原子半径变化的总趋势是自左向右逐渐缩小的（稀有气体除外）；而同一主族的元素，从上到下由于电子层数递增，原子半径显著增大。但第六周期由于镧系元素的加入，存在一定的例外。第六周期从第 IIIB 族到第 IVB 族的元素原子半径收缩格外显著，导致第六周期的副族元素与第五周期同族元素的原子半径接近，这一现象被称为“镧系收缩”。

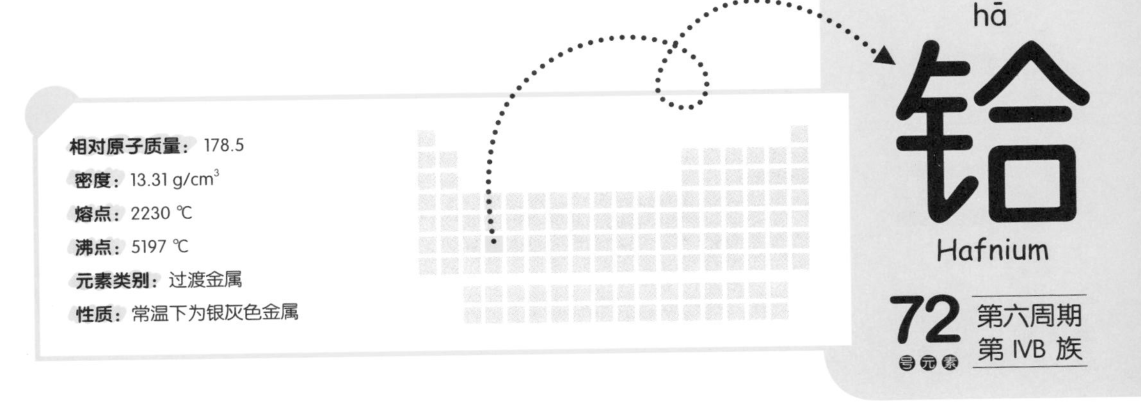

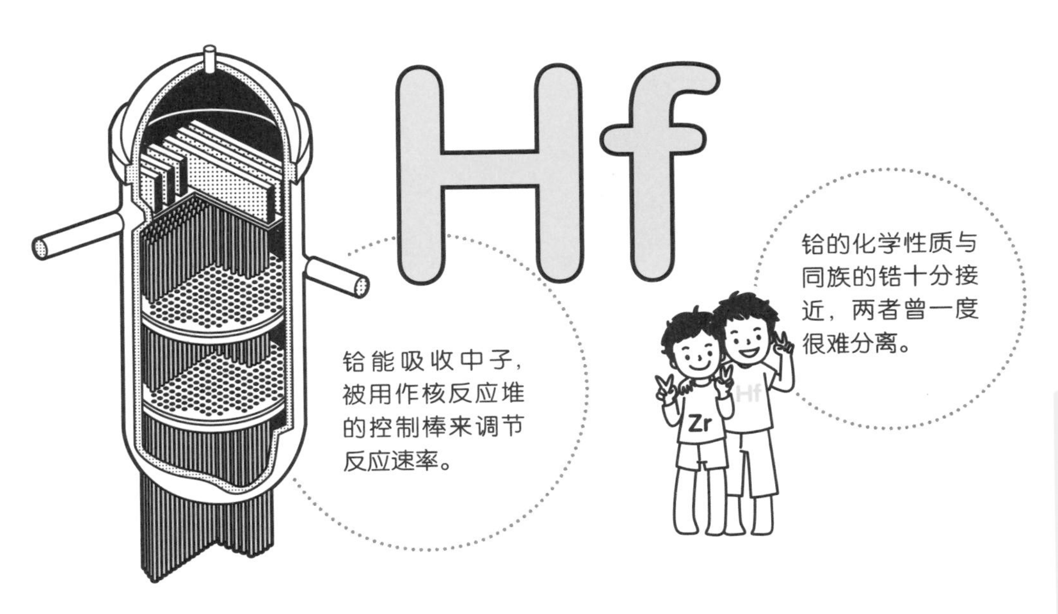

铪在丹麦格陵兰岛的矿石中被发现，故以发现地丹麦的首都哥本哈根（拉丁名“Hafnia”）命名。

介绍

● 铪是耐热合金中常见的添加元素。钨、钼、钽的耐热合金中都会添加铪。碳化钽铪合金（Ta_4HfC_5）的熔点接近 4000℃，是目前已知的熔点最高的化合物。

● 二氧化铪（HfO_2）具有很高的折射率和很好的热稳定性及化学稳定性，常用于激光系统中的薄膜材料。二氧化铪在处理器芯片中也有一定的应用。

tǎn

钽

Tantalum

73 号元素

第六周期

第 VB 族

相对原子质量： 180.9

密度： 16.65 g/cm^3

熔点： 2985 ℃

沸点： 5510 ℃

元素类别： 过渡金属

性质： 常温下为灰黑色金属

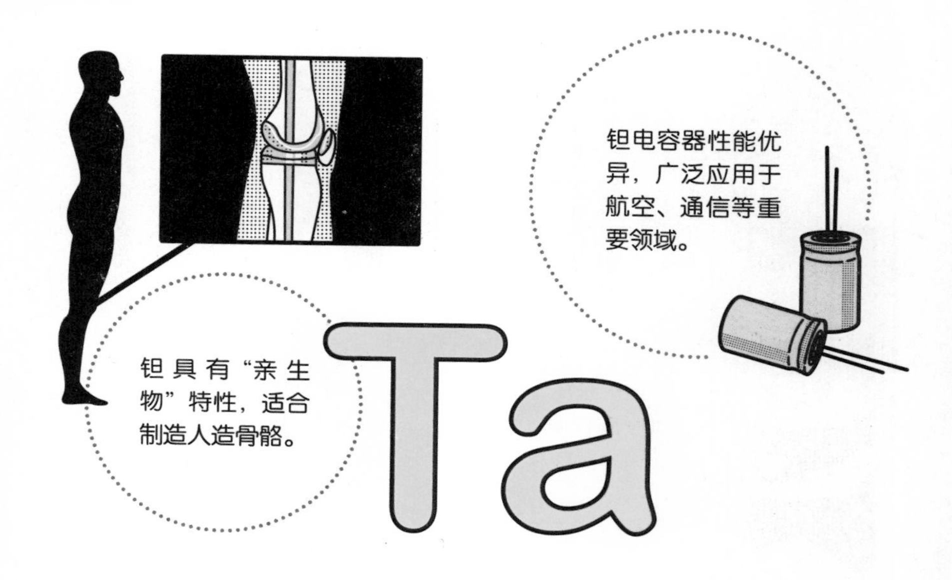

钽是一种稀有的金属矿产，它也是电子工业和空间技术发展不可缺少的战略原料。

介 绍

● 钽具有极高的抗腐蚀性，在金属元素中非常罕见。在常温下，碱溶液、氯气、溴水、稀硫酸等化学试剂与钽均不发生化学反应。钽仅在氢氟酸和热的浓硫酸作用下发生化学反应。

● 钽最重要的用途是制造电子元件，尤其是电容器。钽电容器具有电容量高、漏电流小、高低温特性好、使用寿命长等一系列优异性能，被广泛用在通信、计算机、航空航天、国防军工等工业领域。世界上钽产量的 50%~70% 被用于制造钽电容器。

相对原子质量：183.8

密度：19.3 g/cm^3

熔点：3407 ℃

沸点：5555 ℃

元素类别：过渡金属

性质：常温下为银白色金属

wū 钨 Tungsten

74号元素 第六周期 第 VIB 族

钨的熔点是所有金属元素中最高的，同时它还有着非常高的密度与硬度。

介 绍

● 钨的熔点高、升华速度慢，而且成本不高，是理想的白炽灯灯丝材料。但 21 世纪以来，白炽灯已经逐渐被节能环保的 LED 所取代。

● 钨合金是一类具有很高硬度和很强耐磨性的硬质合金，被大规模应用于切削工具、穿甲弹、钻头、超硬模具等。最常见的硬质钨合金是钨钢，钢中加入 9%~17% 的钨后，硬度会得到大幅度的提升。

lái

铼

Rhenium

75 号元素 第六周期 第 VIIB 族

相对原子质量： 186.2

密度： 21.02 g/cm^3

熔点： 3180 ℃

沸点： 5596 ℃

元素类别： 过渡金属

性质： 常温下为银灰色金属

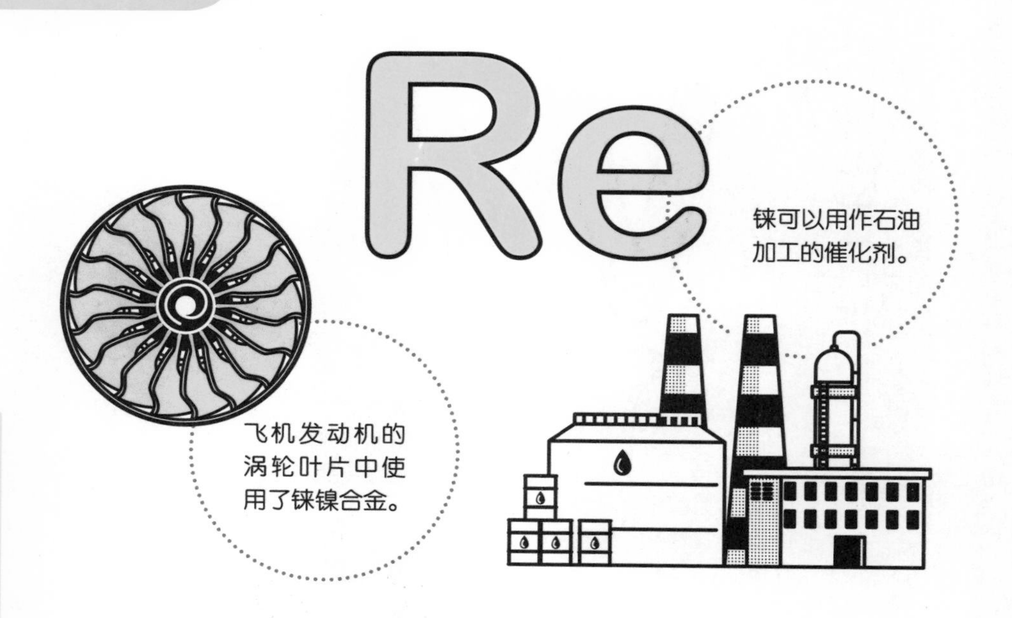

铼是一种稀有的难熔金属，具有良好的耐磨性和抗腐蚀性，是少数能适应极冷和极热环境的金属材料。

介 绍

● 铼最重要的用途是制造飞机发动机。全球铼产量的 70% 都用于制造飞机喷气发动机的高温合金部件。

● 在化学研究的早期，科学家尚不清楚原子内部的奥秘，只能直观地根据相对原子质量安排元素在周期表中的位置。1908 年，日本化学家小川正孝曾宣称发现了 43 号元素，后被取消。因为小川在测量相对原子质量时出现了偏差，他测量的其实是 75 号元素铼，而并不是 43 号元素锝。

76 号元素 第六周期 第 VIII 族

相对原子质量： 190.2

密度： 22.57 g/cm^3

熔点： 3045 ℃

沸点： 5012 ℃

元素类别： 过渡金属

性质： 常温下为略泛蓝的银白色金属

铱锇合金坚硬耐磨，用于制造钢笔的笔尖。

四氧化锇（OsO_4）是一种有大蒜气味的剧毒物质。

锇是地球上已知的密度最大的金属。

介 绍

● 铱锇合金是一种非常重要的硬质合金，常用于制造一些要承受高磨损的器具，如钢笔笔尖、圆珠笔笔尖以及仪器的轴承，它能抵抗频繁操作所造成的磨损。

● 锇曾是合成氨反应的第一代催化剂，具有里程碑式的意义。18 世纪末，化学家们意识到需要将空气中丰富的氮元素固定并转化为可利用的形态，尤其是将氮元素转化为氮肥，这样就能解决子孙后代的粮食问题。许多科学家都致力于以氮、氢为原料合成氨，但屡战屡败。直到德国人弗里茨 · 哈伯选取锇作为催化剂，才成功实现了氨的合成。但由于锇的储量稀少、价格高昂，后来被铁催化剂所取代。

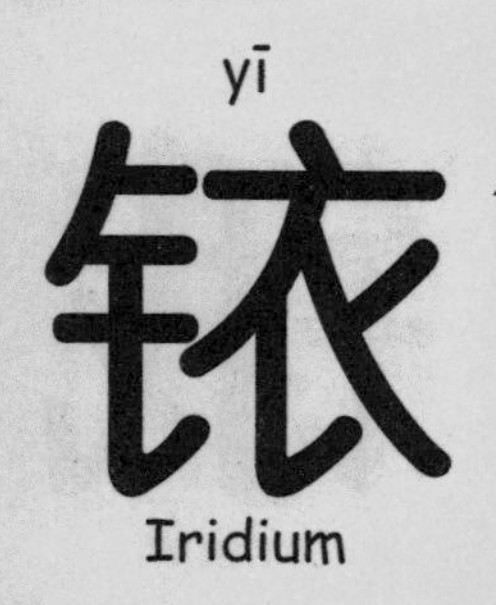

相对原子质量： 192.2

密度： 22.56 g/cm^3

熔点： 2443 ℃

沸点： 4437 ℃

元素类别： 过渡金属

性质： 常温下为银白色金属

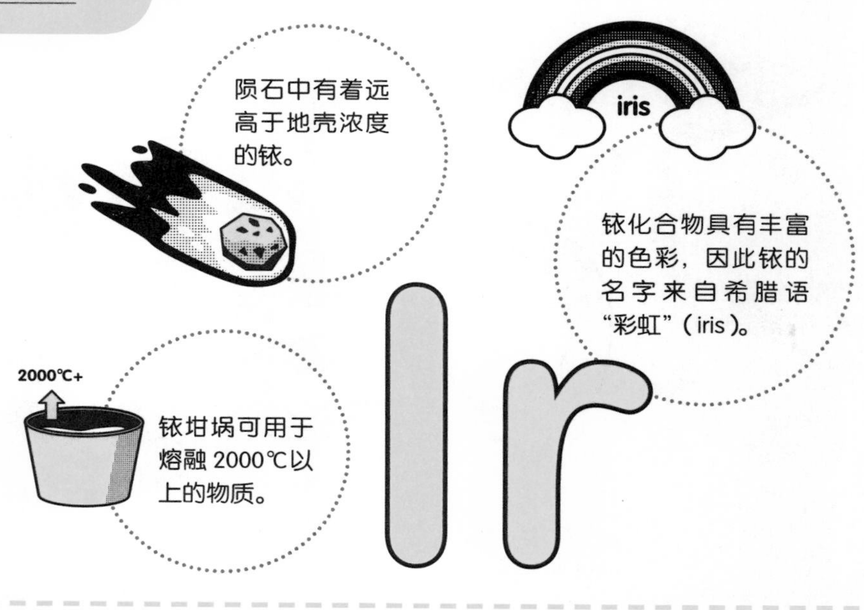

铱的化学性质很稳定，是最耐腐蚀的金属之一。

介　绍

● 铂铱合金的稳定性极高。最初的长度单位“米”和质量单位“千克”的标准原器就是由铂铱合金制成的。如今为了提高测量的准确度，基本单位不再参考人工制品的实物，而是基于物理常数。例如，“1 米”被定义为“1/299792458 秒内光在真空中移动的距离”。

● 铱元素虽然在地壳中含量极少，但在宇宙中并不罕见，陨石中通常含有较为丰富的铱。科学家们发现，在白垩纪末期（约 6500 万年前）的黏土层中有着远高于周围地层中含量的铱。由于该时期对应于恐龙的突然灭绝，人们便由此推测出“小行星撞击地球造成了恐龙灭绝”的假说。

bó 铂

Platinum

78 号元素

第六周期
第 VIII 族

相对原子质量： 195.1

密度： 21.45 g/cm³

熔点： 1769 ℃

沸点： 3827 ℃

元素类别： 过渡金属

性质： 常温下为银白色金属

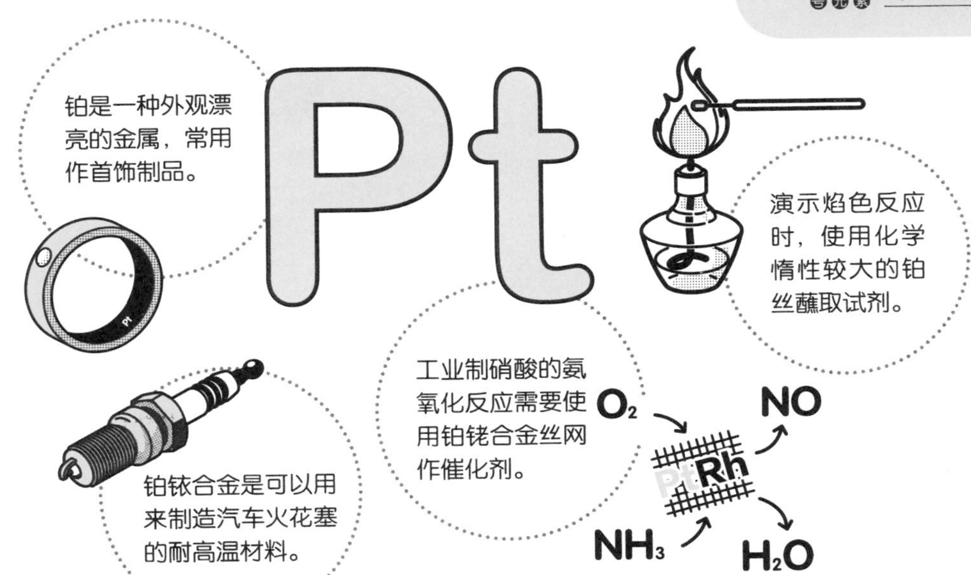

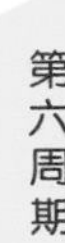

铂俗称“白金”，因储量稀有而被用于制作昂贵的首饰。同时，铂也是重要的催化剂。

介 绍

● 铂是一种非常稀有、外表闪亮的贵金属。铂不易受侵蚀。铂的冶炼提纯过程相比于金更为困难，因此铂具有比金更高的价格。

● 尽管铂具有较大的化学惰性，但它有着很好的催化性能。汽车尾气净化的三元催化器中就含有铂，它促进废气完全燃烧，减少环境污染；铂铑合金丝网则是目前氨氧化反应制硝酸的常用催化剂。

● 含铂药物在癌症治疗方面发挥着中流砥柱的作用，让人们看到攻克癌症的曙光。第一代抗癌药顺铂和第二代抗癌药卡铂都是铂的配合物。

79 号元素 第六周期 第 IB 族

相对原子质量：197.0
密度：19.32 g/cm^3
熔点：1064 ℃
沸点：2857 ℃
元素类别：过渡金属
性质：常温下为金黄色金属

金俗称“黄金”，除了作为财富的象征之外，也是一种导电、导热性质非常优异的材料。

介 绍

● 金具有极高的抗腐蚀性，良好的导电性、导热性，以及很好的延展性。金被广泛应用在电子工业上，用作关键部位的触点及连接线。仪器的接头也会镀金以防止氧化。

● 金的含量以开（K）来量度。纯金为 24K，1K 的含金量约为 4.167%。由于纯金太软，所以常将金与其他金属制成合金来增加硬度，用于珠宝首饰，常见的包括 18K 金或 14K 金。

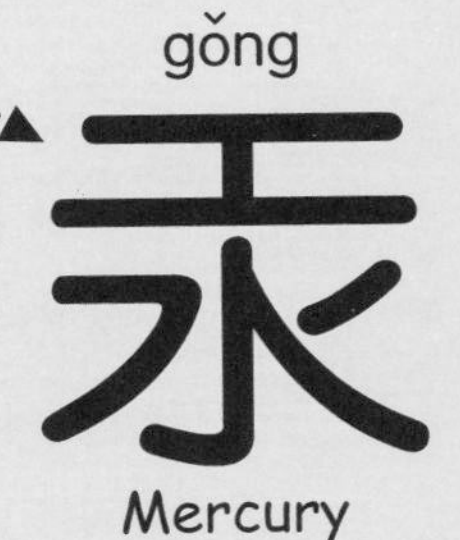

相对原子质量： 200.6

密度： 13.55 g/cm^3

熔点： −39 ℃

沸点： 357 ℃

元素类别： 过渡金属

性质： 常温下为银白色液态金属

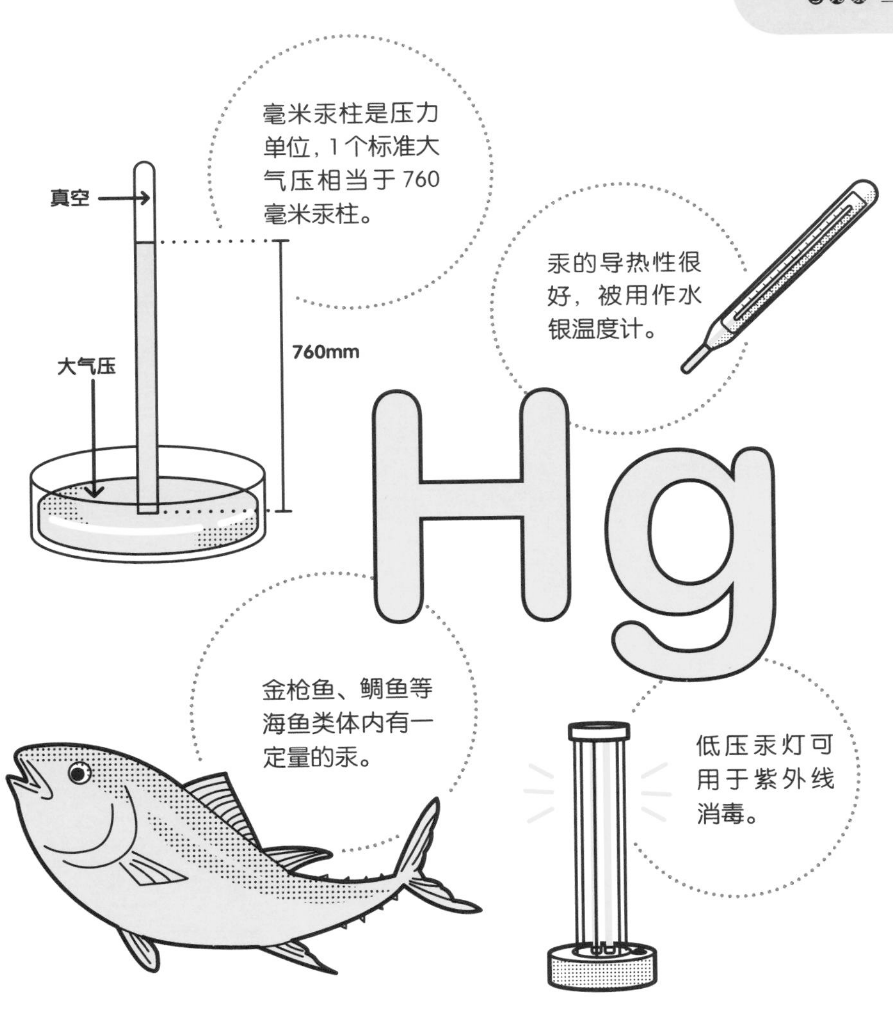

汞俗称“水银”，是常温下唯一一种呈液态的金属，也是已知密度最大的液体。汞有剧毒，对人体和环境均有害。

介 绍

● 汞灯是利用汞放电时产生汞蒸气实现发光的电光源。我们生活中常见的日光灯就是一种低压汞灯。在现代集成电路的加工过程中，经常需要进行光刻操作，汞灯被用作光刻胶曝光的紫外线发射源。

● 20 世纪 50 年代，日本水俣湾的居民由于附近化工厂排放的含汞废水而中毒，这就是轰动世界的“水俣病”。汞和无机汞化合物被世界卫生组织癌症研究机构列为 3 类致癌物质。

汞与中国

● 为了降低汞对人体和环境的毒害，中国将于 2026 年禁止生产含汞的体温计和血压计。

tā
铊
Thallium

81 号元素　第六周期 第 IIIA 族

相对原子质量：204.4
密度：11.85 g/cm³
熔点：304 ℃
沸点：1473 ℃
元素类别：后过渡金属
性质：常温下为银白色金属

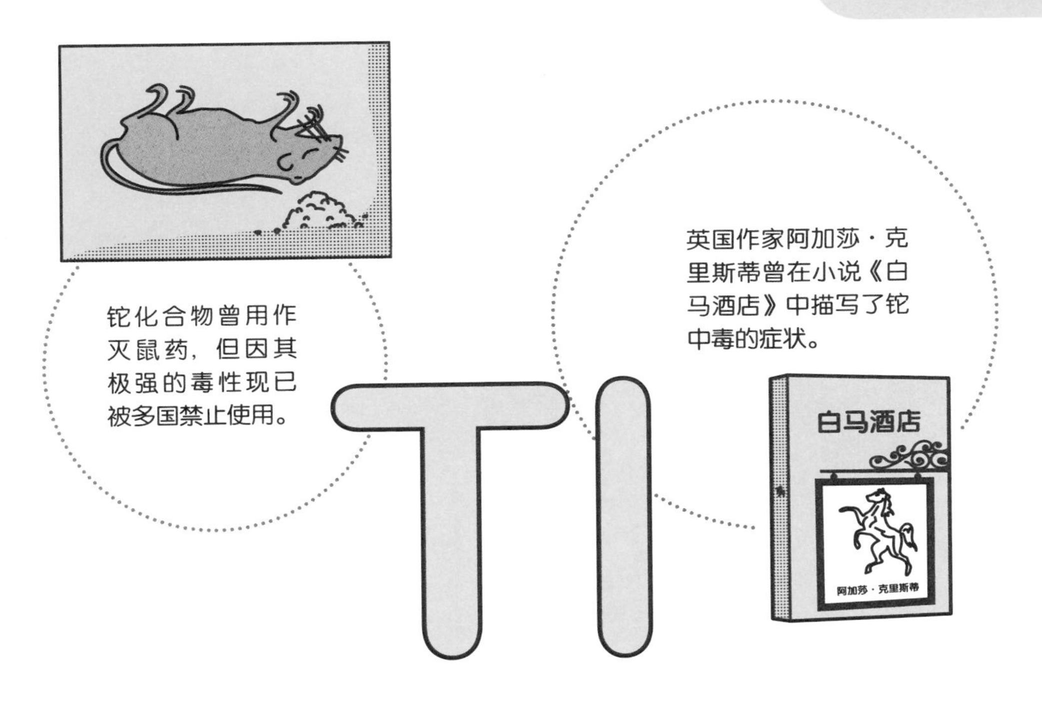

铊是一种剧毒的元素，其可怕的毒性限制了铊的实际应用。

介绍

● 铊化合物是致命的毒药，历史上曾出现过多起铊投毒的案件。铊中毒的症状有腹痛、斑秃、四肢疼痛无力等。除此以外，铊还有潜在的致癌性，会诱发基因突变。

● 硫化铊（Tl_2S）是一种对红外线特别敏感的半导体材料，用它制作的红外光敏光电管可以在黑夜或浓雾天气中接收信号。

qiān

铅

Lead

82 号元素 第六周期 第 IVA 族

相对原子质量： 207.2

密度： 11.35 g/cm³

熔点： 328 ℃

沸点： 1750 ℃

元素类别： 后过渡金属

性质： 常温下为蓝灰色金属

古代世界七大奇迹之一的古巴比伦空中花园用铅作地板，达到维持湿度的目的。

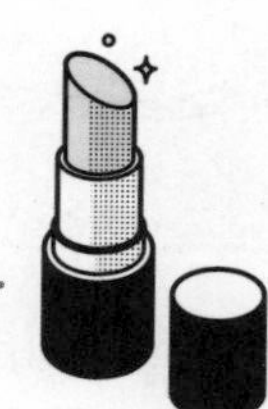

受原料和加工方式的影响，口红中常含有微量的铅。

Pb

铅的主要用途是制造汽车里的铅酸蓄电池。

铅是极好的辐射屏蔽材料，可用于制作医院 X 光室的防护门。

铅是原子序数最大的非放射性元素。铅硬度低、易加工，是人类最早使用的金属之一。

介 绍

● 铅与汞、铬、镉、砷一起并称为“五毒元素”。其中，铅污染对儿童的威胁最大，它会损害儿童的中枢神经系统功能并影响儿童的生长发育，还会导致儿童智力低下。

● 铅酸蓄电池是一种应用非常广泛的储能器件，它利用铅不同价态的固相反应实现充放电，主要用作大型工业设备或者汽车的电源。但铅酸蓄电池主要有两方面的限制：一方面是使用了危害性较大的铅和浓硫酸；另一方面，铅酸蓄电池受到结构的限制，尺寸难以缩小。

● 物质阻挡核辐射的能力主要取决于两个方面：首先是原子序数高，其次是物质的密度高。但原子序数很高的元素本身具有放射性，不适合做辐射屏蔽材料；而密度很高的金或者锇，价格过于昂贵。铅的原子序数、密度相对较大，而成本相对较低，是首选的辐射屏蔽材料，可用作铅玻璃、防护铅门和铅防护服等辐射屏蔽产品。

重要反应

铅酸电池是以铅及其氧化物为电极，硫酸为电解液的电池。充电时，电极上发生的化学反应：

正极：$PbO_2+4H^++SO_4^{2-}+2e^- = PbSO_4+2H_2O$

负极：$Pb+SO_4^{2-}-2e^- = PbSO_4$

83 号元素 第六周期 第VA族

相对原子质量： 209.0

密度： 9.8 g/cm³

熔点： 271 ℃

沸点： 1564℃

元素类别： 后过渡金属

性质： 块状铋呈银白色或粉红色，有金属光泽；粉末状铋则呈灰黑色

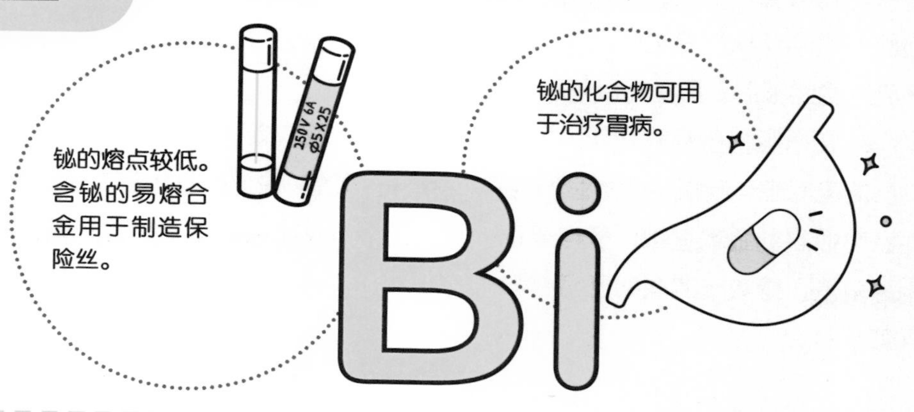

铋在元素周期表中处于剧毒元素铅、钋、锑的“包围”中，但它却是极其温和的“绿色金属”，可替代铅、镉等有毒金属制造合金。

介 绍

● 铋的主要用途之一是制造低熔点的易熔合金。铋可与锑、铟、锡、钛等金属制成易熔合金，它们的熔点大都在200℃以下，用于在预定温度熔化的安全装置、保险丝、易熔片等。

● 铋晶体在缓慢冷却过程中会呈现出规则的阶梯状结构，表面的氧化膜会导致光的干涉，这使得铋金属通常都带有彩虹色的光泽，极具观赏性。

铋与中国

● 铋的化合物都是非常重要的半导体材料。以铋为原料制造超导体和催化材料大有潜力。中国的铋储量和产量均居世界第一，充分利用铋资源将推动工业和能源领域发展。

相对原子质量：（209）

密度：9.32 g/cm³

熔点：254 ℃

沸点：962 ℃

元素类别：后过渡金属

性质：常温下为银灰色金属

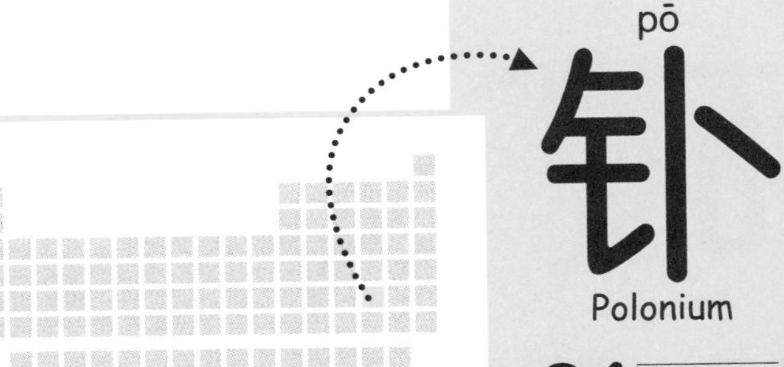

钋得名于其发现者居里夫人的祖国波兰（Poland）。钋在自然界中的含量微乎其微，主要依靠人工合成。

介 绍

● 钋是第一个因放射性而被发现的元素。在钋之前，铀的放射性已经得到了关注。1898 年，居里夫人观察到沥青铀矿中异常高的射线强度，便大胆推断其中含有一种新元素，并将它命名为“钋”。仅凭射线便宣布发现了新元素，这在化学研究中是史无前例的。

85 号元素 第六周期 第 VIIA 族

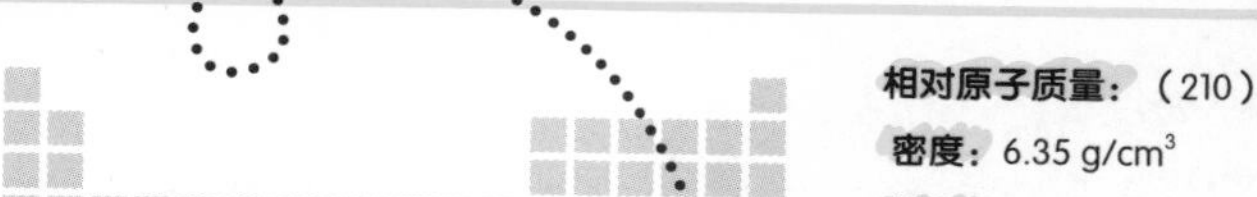

相对原子质量：（210）
密度：6.35 g/cm³
熔点：302 ℃
沸点：337 ℃
元素类别：非金属、卤素
性质：常温下为黑色固体（推测）

砹是一种短寿命的放射性卤素，地壳中含量极少，它的名称源于希腊语“不稳定”(astator)。

介 绍

● 不稳定的原子核会自发分裂成更稳定的原子核并放出射线，这一过程称为“放射性衰变”。原子主要有三种放射性衰变方式：α 衰变、β 衰变和 γ 衰变。它们所放出的射线的穿透性依次加强：一张纸就能挡住 α 射线，而 γ 射线则需用铅板才能阻隔。砹–211 主要发生的是 α 衰变，穿透力弱，能用作肿瘤的放射性治疗物质，而不会对目标物以外的人体组织产生伤害。

相对原子质量：（222）

密度：9.73 g/L（0 ℃，1 atm）

熔点：−71 ℃

沸点：−61.8 ℃

元素类别：稀有气体

性质：常温下为无色气体

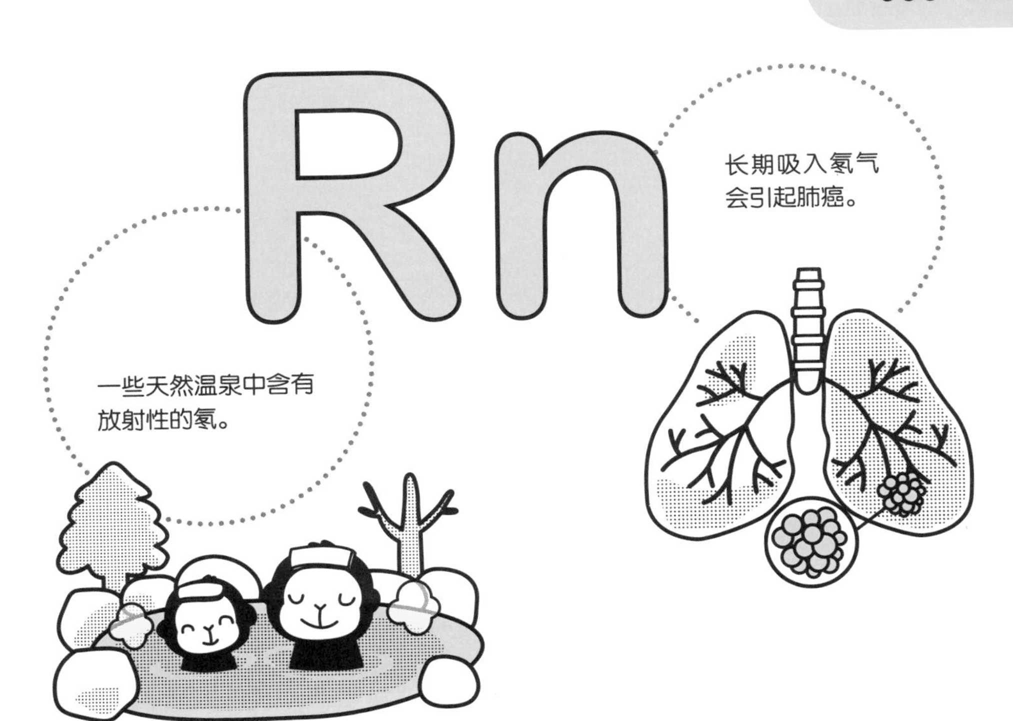

氡是密度最大的稀有气体。氡是常温下唯一的放射性气体，是主要的天然放射源。

介 绍

● 氡作为一种放射性气体，很容易被人体吸入并在肺中沉积。氡放出的辐射会损害肺管，诱发癌变。曾有长期处于高氡环境的矿工患上肺癌的事件。如今，氡在许多国家都被认为是引起肺癌的第二大因素，仅次于吸烟。日常生活中的氡主要来自地质环境和部分建筑材料，尤其是天然石材。

重 点
总 结

第七周期

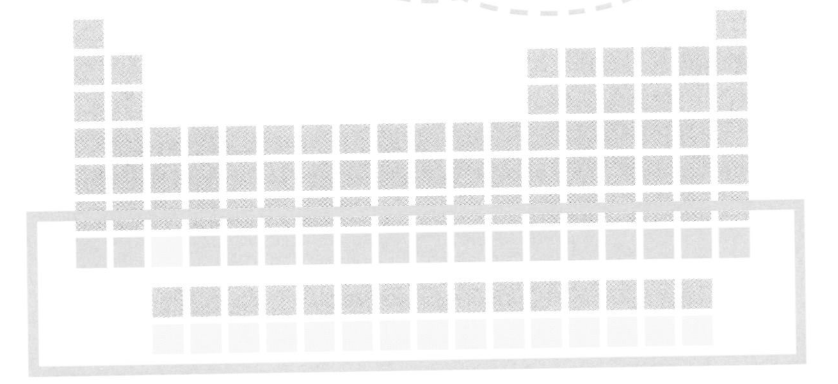

钫 fāng Francium

87 号元素　第七周期　第 IA 族

相对原子质量：（223）

密度： 1.87 g/cm^3

熔点： 27 ℃

沸点： 677 ℃

元素类别： 碱金属元素

性质： 常温下为银白色金属（推测）

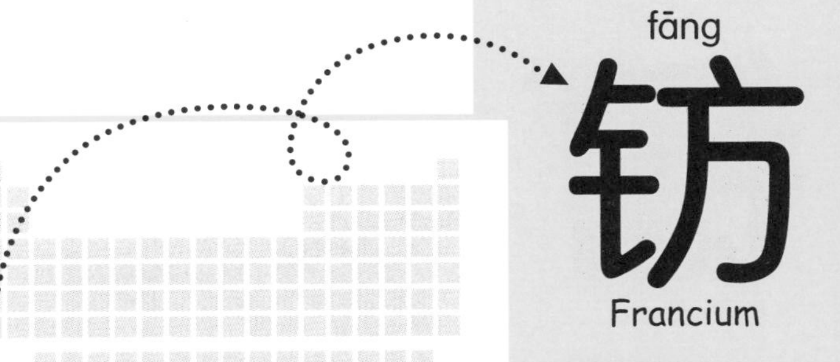

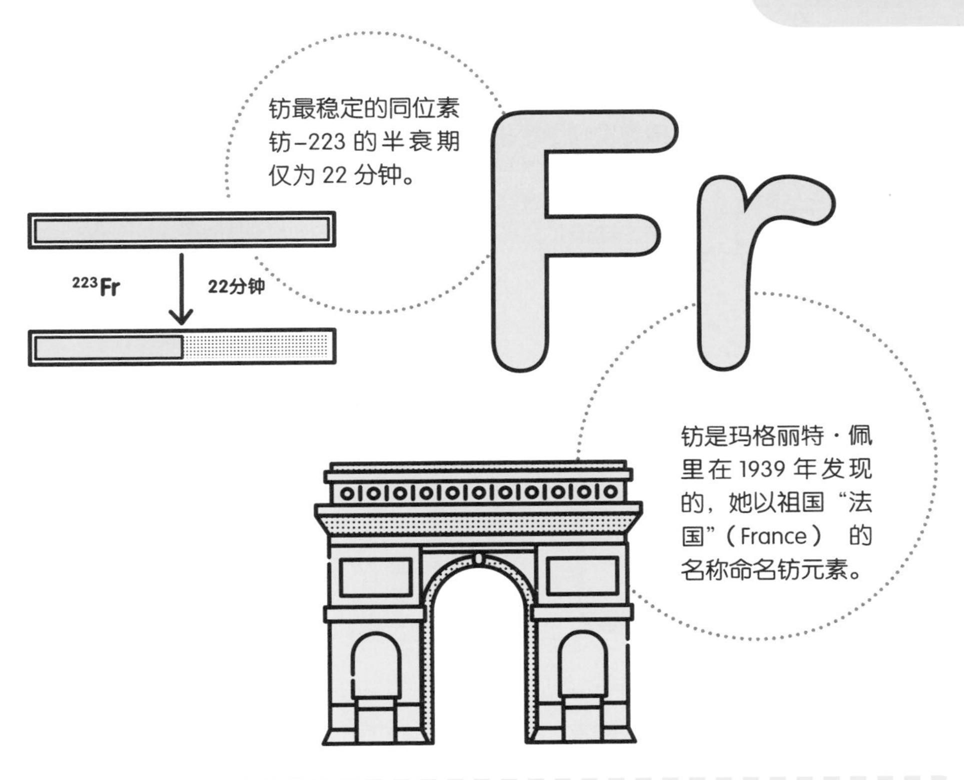

钫是最后一个不通过人工合成、在自然界中发现的天然元素。由于钫含量稀少，研究较少，其用途还不明确。

介 绍

● 钫非常稀有且不稳定。它是地壳中除砹之外第二稀有的元素，也是世界上最不稳定的天然元素。钫的半衰期很短，极易衰变为其他元素。经计算，地壳中任何时刻钫的含量都仅有 30 克左右。

léi

镭

Radium

88 号元素 第七周期 第 IIA 族

相对原子质量：（226）

密度： 5 g/cm³

熔点： 700 ℃

沸点： 1140 ℃

元素类别： 碱土金属元素

性质： 常温下为亮白色金属

在钋被发现的同一年，居里夫妇宣布了新元素——镭的存在。此后，他们用了三年时间才从数吨沥青铀矿中提取出 0.1 克镭。

介 绍

● 20 世纪上半叶，美国的钟表商家雇用女工为表盘涂上含镭涂料，生产时髦的发光钟表。女工们在工作中常将蘸有镭漆的笔刷放在嘴中理顺，这使得她们摄入了放射性的镭，并且这些镭会在体内积蓄。这些女工大多数都因镭辐射而患上了重病，最终痛苦地死去。“镭姑娘”事件为世人敲响了放射性危害的警钟。现在的发光颜料主要使用安全的钷元素，镭也逐渐从我们的日常生活中消失。

锕 ā

Actinium

89号元素 第七周期 第ⅢB族

相对原子质量：（227）

密度：10 g/cm^3

熔点：1227 ℃

沸点：3200 ℃

元素类别：锕系元素

性质：常温下为银白色金属

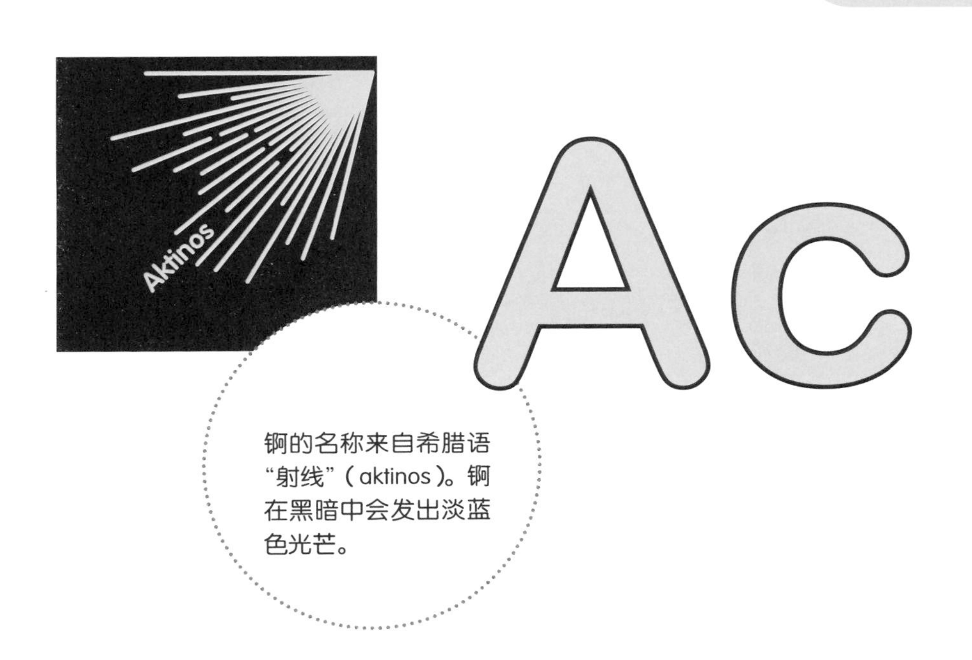

锕的名称来自希腊语“射线”（aktinos）。锕在黑暗中会发出淡蓝色光芒。

元素周期表中 89 号元素锕到 103 号元素铹的这 15 种元素统称为“锕系元素”，它们都具有放射性。

介 绍

● 锕系元素在元素周期表中的位置类似于镧系元素的安排方式，也被单独置于表的最下方。锕系元素有许多共性：它们都是具有银白色外观的金属；都具有放射性，研究它们时需要特殊防护；吸引电子的能力很弱，与碱土金属镁相当；可以与大多数非金属元素反应。锕系元素在我们的日常生活中都很少见。

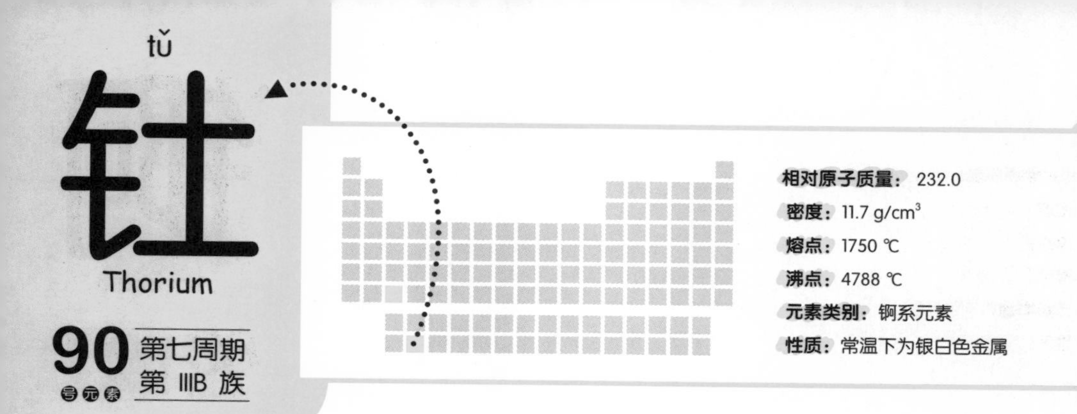

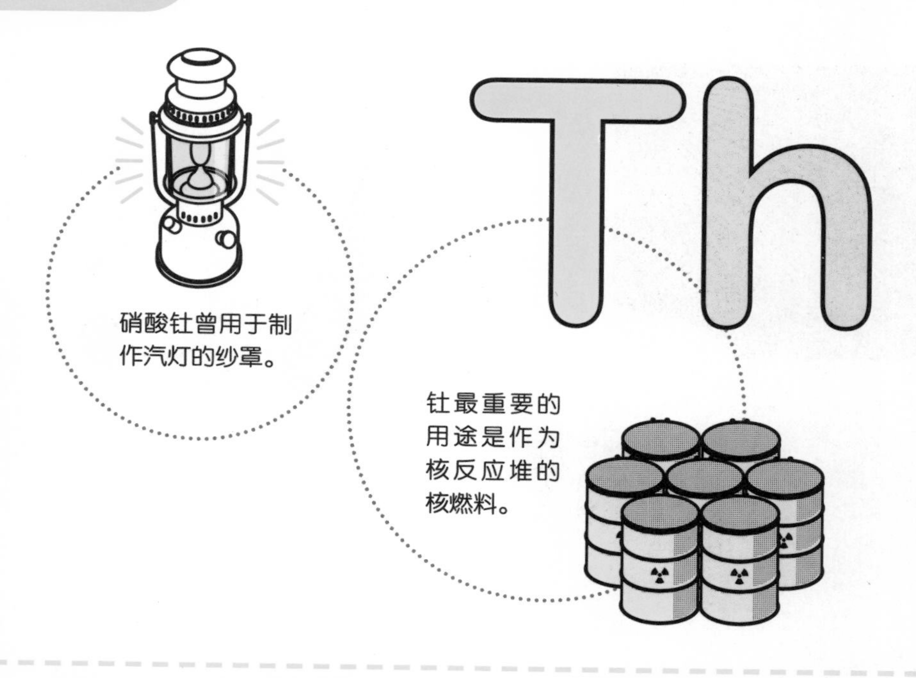

钍是一种含量丰富的天然放射性元素，它的名字来自北欧神话中的雷神托尔（Thor）。

介 绍

● 了解了锕系元素的共性后，我们发现：元素周期表下方的放射性元素明显增多。这说明随着相对原子质量的增加，原子核开始变得不稳定。物理学家认为，将原子核中的质子和中子束缚在一起的是一种距离很短的强吸引力——核力，同时，带正电的质子之间还存在与之竞争的排斥力。当原子序数增大时，越来越多的质子挤在狭小的原子核内，彼此间排斥力变大，超过了核力的作用，原子核就会发生放射性衰变，向更稳定的原子核转化。

相对原子质量：231.0

密度：15.37 g/cm³

熔点：1572 ℃

沸点：4226.85 ℃

元素类别：锕系元素

性质：常温下为银白色金属

pú

镤

Protactinium

91 号元素

第七周期

第 ⅢB 族

镤发生放射性衰变后会变成锕，因此镤的名称在希腊语中的含义为“锕的起源”。

介 绍

● α 衰变是锕系元素的特性之一。自然界中存在的镤的主要同位素是镤-231，它是一种 α 粒子发射源。

● 放射性元素的衰变就是它“变旧”的过程，这个性质可以帮助人类进行考古与年代测定。例如，放射性铀-235 衰变为镤-231 的半衰期大约为 34000 年。并且，铀可在水中溶解，而镤却不溶于水。因此镤-231 被用于海底沉积层的年代测定。

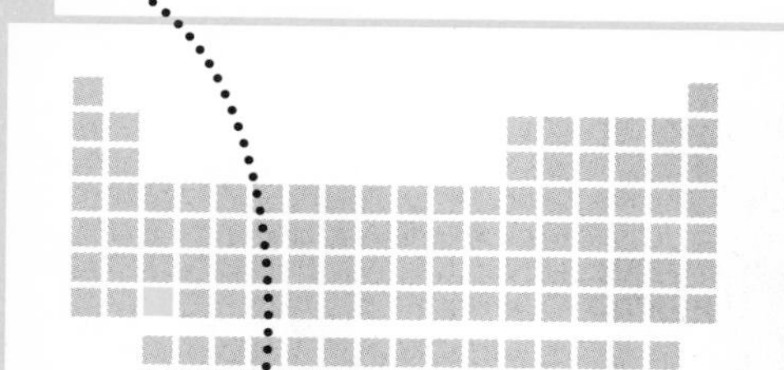

相对原子质量：238.0

密度：18.95 g/cm³

熔点：1132 ℃

沸点：4131 ℃

元素类别：锕系元素

性质：常温下为银白色金属

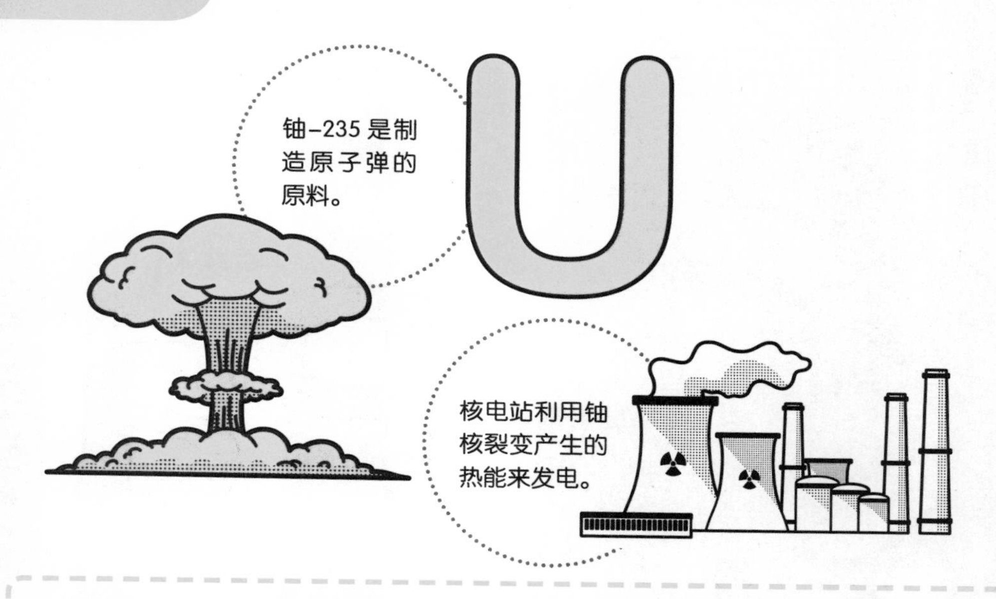

铀是第一种被发现的具有放射性的元素，也是自然界中产生的最重的元素。

介 绍

● 铀的同位素铀-235 易发生核裂变，可被用作核能发电的燃料。当铀-235 受热中子轰击时，它会吸收 1 个中子发生裂变，放出大量能量，并重新放出 2 ~ 3 个中子。这些放出的能量就被用于发电，而放出的中子则会引起其他的铀 -235 原子发生裂变，这就是持续反应的链式核裂变。

● 核裂变在产生能量的同时，也会放出大量的辐射。这些核辐射一旦泄漏，对人类健康有着巨大的损害。美国向日本投掷原子弹、苏联的切尔诺贝利核电站爆炸以及日本福岛核泄漏事故，都曾使当地居民产生基因突变或患上癌症。这些历史都呼吁人类必须和平并安全地使用核能。

ná 镎

Neptunium

93 号元素

第七周期
第 ⅢB 族

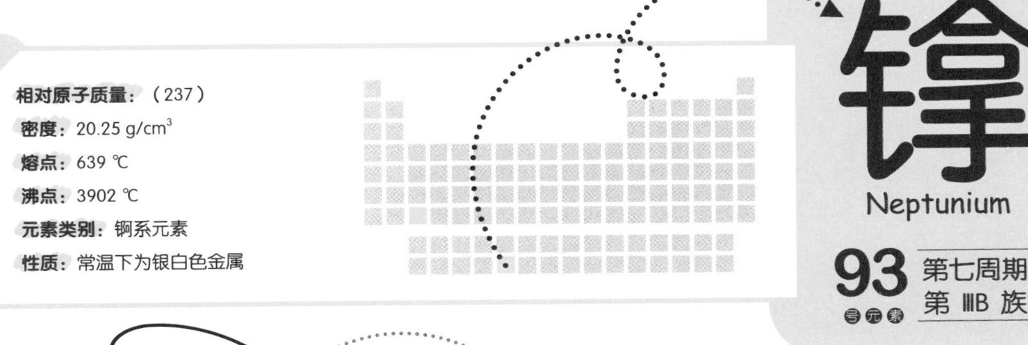

相对原子质量：（237）

密度： 20.25 g/cm³

熔点： 639 ℃

沸点： 3902 ℃

元素类别： 锕系元素

性质： 常温下为银白色金属

从 93 号元素镎开始，“锕系家族”进入一个特殊系列——超铀元素，即原子序数大于 92 的元素的统称。

介 绍

● 1934 年前，人们认为 92 号元素铀就是元素周期表中的最后一个元素。此时，美国的意大利裔科学家恩利克·费米开始利用中子轰击已知元素，尝试制造“超铀元素”。他因人工合成新元素的研究获得了 1938 年诺贝尔物理学奖。费米推测铀吸收中子后会通过 β 衰变成为 93 号元素。但在他获得诺贝尔物理学奖后不久，德国科学家奥托·哈恩却发现费米的实验中得到的是钡、氪以及其他元素的混合物，并非 93 号元素。原来，被中子轰击的原子核也可能会分裂成两个较轻的碎片。费米直面了这一错误，总结了实验结果，进而提出了著名的链式反应。而真正的 93 号元素镎直到 1940 年才被美国科学家埃德温·麦克米伦等人发现。

bù

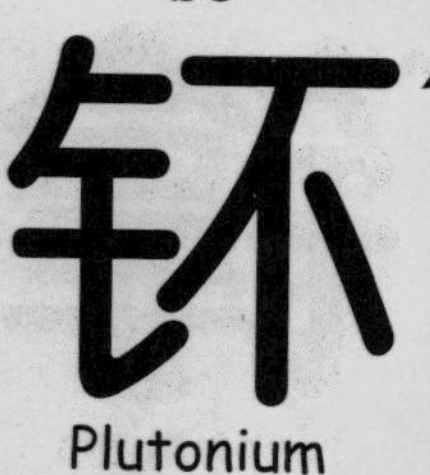

钚

Plutonium

94 号元素 第七周期 第 IIIB 族

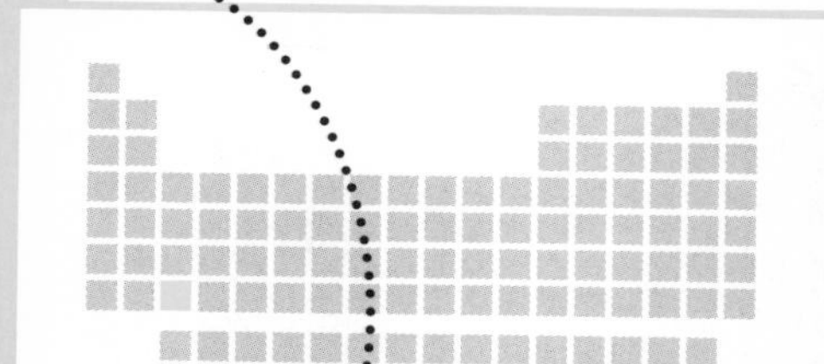

相对原子质量：（244）

密度：19.84 g/cm³

熔点：640 ℃

沸点：3228 ℃

元素类别：锕系元素

性质：常温下为银白色金属

钚-238 可以用作放射性同位素电池，通过同位素衰变提供电能。

铀、镎和钚这三个元素分别以天王星（Uranus）、海王星（Neptune）和冥王星（Pluto）命名。

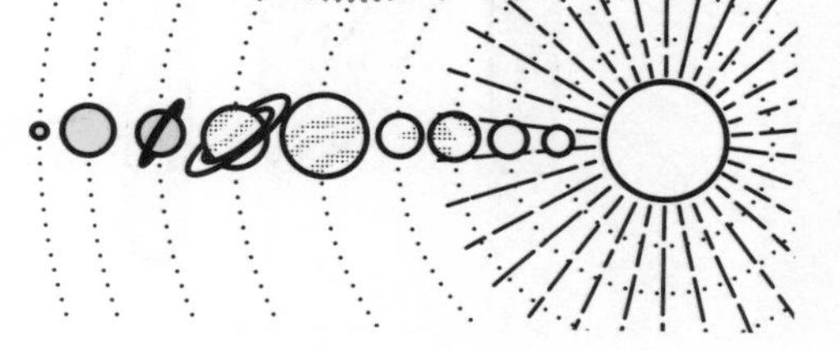

钚是一种非常重要的放射性元素，它是制造核武器的重要原料。

介绍

● 除了铀之外，钚也是制造原子弹的重要材料。1945 年，美军在日本长崎投下的原子弹“胖子”就是一颗装有钚-238 的钚弹。钚在核裂变时会多释放一个中子，链式反应扩张更快。

● 钚最重要的用途是制造放射性同位素电池，为在太空中探索的设备提供源源不断的电能。放射性同位素钚-238 在电池中心发射 α 射线，由周围的热电元件将射线的热量转化成电能。放射性同位素电池有着极高的寿命，也不受宇宙环境的干扰。我国的“嫦娥四号”月球探测器就搭载了放射性同位素钚-238 的电池。

相对原子质量：（243）
密度：13.67 g/cm^3
熔点：1176 ℃
沸点：2607 ℃
元素类别：锕系元素
性质：常温下为银白色金属

95 号元素 第七周期 第ⅢB族

镅元素得名于美洲（America），元素周期表中它位于以“欧洲”命名的铕元素的正下方。

介 绍

● 镅-241 在烟雾报警器中作为放射源，它发出的辐射可使原本不带电的空气分子电离，产生正、负离子。这些离子被烟雾报警器的内部电极吸引，发生定向移动，形成稳定的电压和电流。一旦出现烟雾干扰了这些离子的运动，电压和电流就会发生改变。探测器一旦监测到这一变化，报警器就会发出报警声。

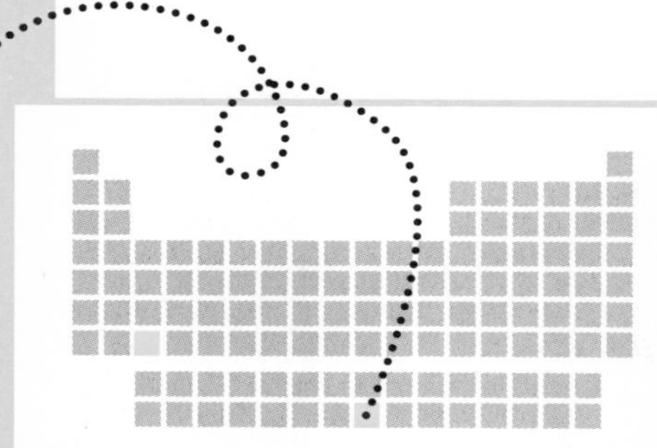

相对原子质量：（247）

密度：13.51 g/cm³

熔点：1340℃

沸点：3110 ℃

元素类别：锕系元素

性质：常温下为银白色金属

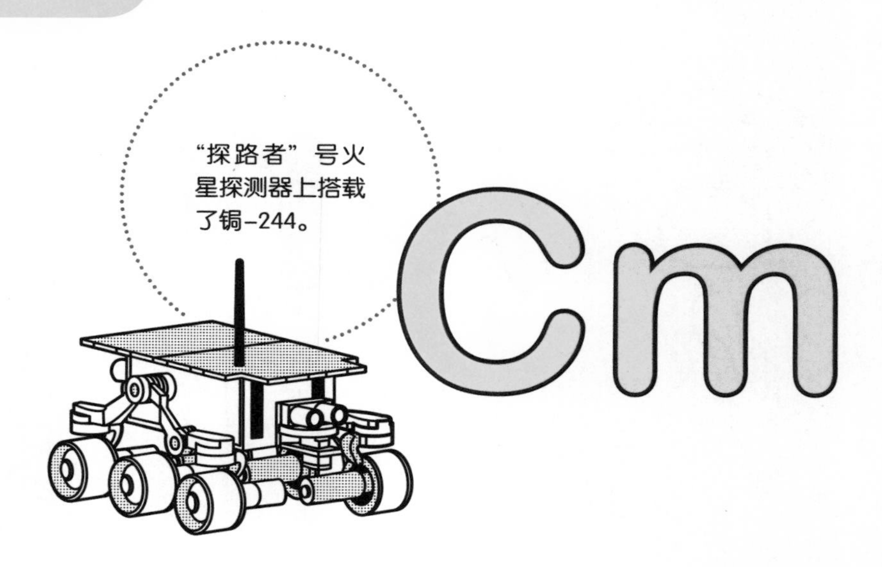

1944 年，美国科学家格伦·西博格等人合成了 96 号元素，为了致敬居里夫妇（Curie），他们将新元素命名为“锔”（Curium）。

介绍

● 锔发生衰变时会放出大量的 α 粒子，常作为 α 粒子 X 射线光谱仪的粒子源，用于宇宙深空探测。这一设备可以简单有效地分析样品表面的元素组成，而不需要对样品进行复杂处理，适合探测星球表面的岩石和土壤元素。

● 锔的命名是为了纪念法国科学家居里夫妇——皮埃尔·居里和玛丽·居里。1903 年，居里夫妇和贝克勒尔因对放射性的研究而共同获得诺贝尔物理学奖。1911 年，居里夫人又因发现钋和镭，再次获得诺贝尔化学奖，成为世界上第一个两次获得诺贝尔奖的人。居里夫妇对科学研究的献身精神和执着追求，堪称科学家的典范。

相对原子质量：（247）

密度：14.79 g/cm³

熔点：1047 ℃

沸点：未知

元素类别：锕系元素

性质：常温下为银白色金属

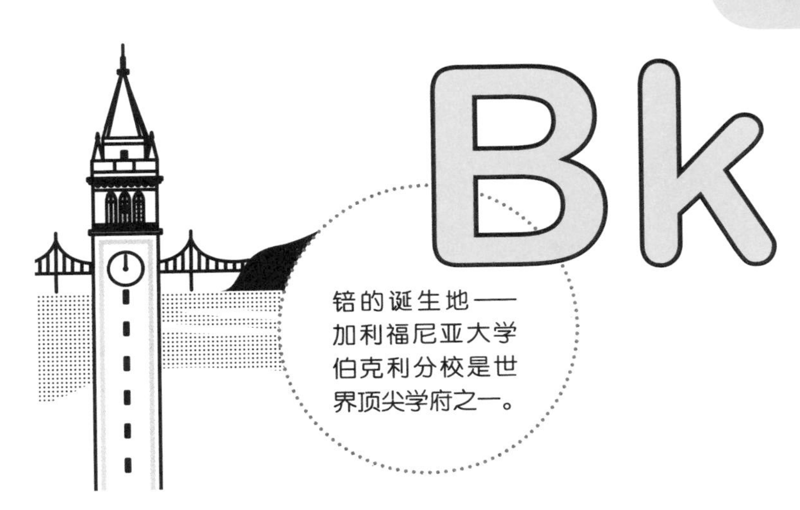

锫的产量极低，它主要用来合成更重的元素。

介 绍

● 锫的名字来自美国的伯克利，它的命名参照了其同族元素铽。95 号镅、96 号锔、97 号锫三个锕系元素都遵循了与之对应的镧系元素的命名传统，分别以大陆、人名和发现地来命名。

大陆	人名	发现地
63 号 铕 Eu（Europium） 源自欧洲（Europe）	**64 号 钆 Gd**（Gadolinium） 源自约翰·加多林（J. Gadolin）	**65 号 铽 Te**（Terbium） 源自伊特比（Ytterby）
95 号 镅 Am（Americium） 源自美洲（America）	**96 号 锔 Cm**（Curium） 源自居里夫妇（Curie）	**97 号 锫 Bk**（Berkelium） 源自伯克利（Berkeley）

98 号元素 第七周期 第 IIIB 族

相对原子质量：（251）

密度： 15.1 g/cm^3

熔点： 900 ℃

沸点： 1745 ℃（推测）

元素类别： 锕系元素

性质： 常温下为银白色金属

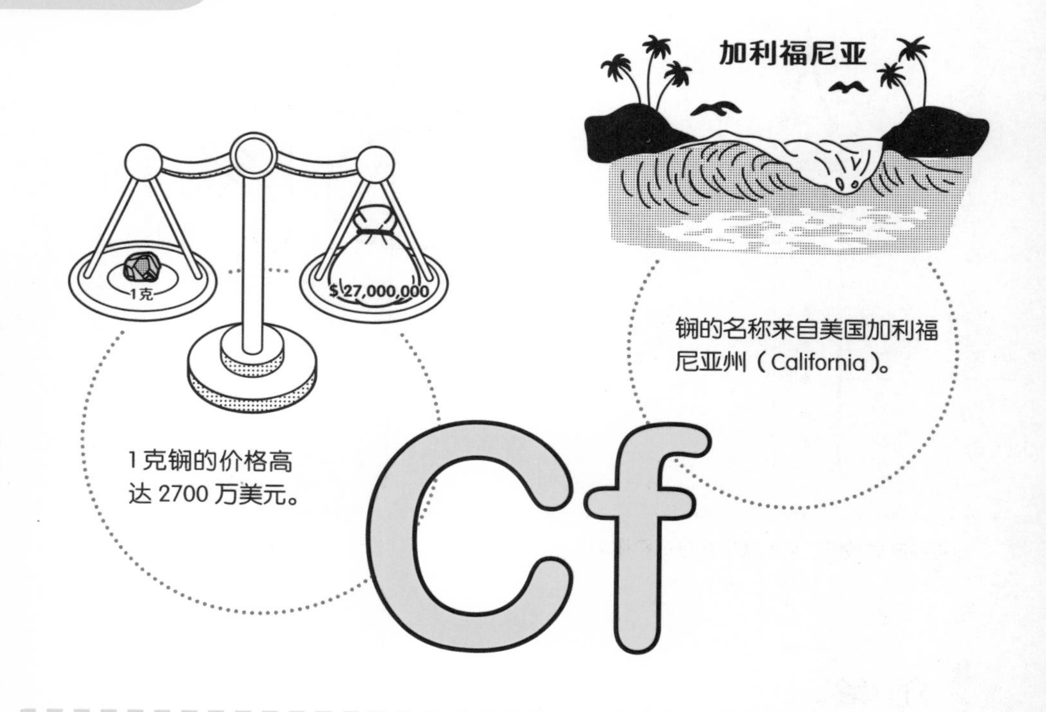

锎是原子序数最大的实用性元素，排在它之后的元素仅供科学研究。

介 绍

● 锎是一种高效的中子源，主要用于中子照相。中子具有很好的穿透性，在工业上用来探测机械部件内部的细小缺陷。中子射线穿过物体时会发生衰减，不同的材料对中子射线的屏蔽作用不同。中子射线透过机件后，会携带其内部成分和结构的信息，利用特定的转化技术，就可获得物体内部的密度、缺陷等综合信息，帮助工程师们详细了解机件情况，及时发现细微的缺陷。

相对原子质量：（252）
密度：未知
熔点：860 ℃
沸点：未知
元素类别：锕系元素
性质：常温下为银白色金属

99 号元素 第七周期 第 ⅢB 族

锿是在氢弹爆炸的残留物中被发现的，它能自发地发出很强的辐射。

介 绍

● 人工合成元素非常困难，往往得到的产物太少而无法直接观察。目前产量多到足以用肉眼看见的人工元素中，锿是最重的一种。

● 锿的命名是为了纪念物理学家阿尔伯特·爱因斯坦（Albert Einstein）。爱因斯坦提出光子假设，成功解释了光电效应，获得了 1921 年诺贝尔物理学奖。更重要的是，他提出的狭义相对论、广义相对论以及著名的爱因斯坦质能方程 $E=mc^2$，为人类提供了科学而系统的时空观和物质观，开创了现代科学技术的新纪元。

fèi

镄

Fermium

100 号元素 第七周期 第 ⅢB 族

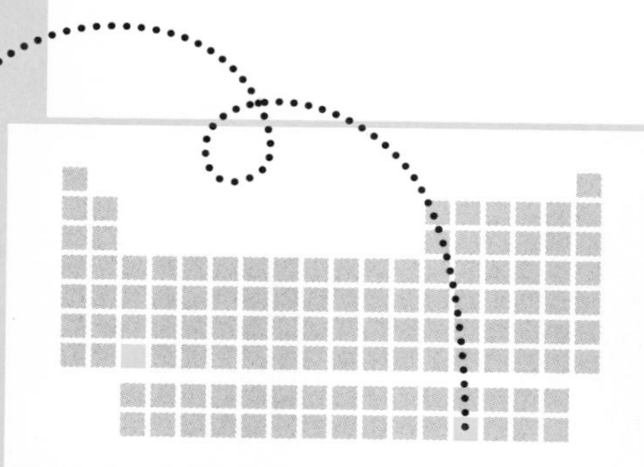

相对原子质量：（257）

密度：未知

熔点：1527 ℃

沸点：未知

元素类别：锕系元素

性质：常温下为银白色金属（推测）

镄与锿都是美国在氢弹爆炸实验中发现的元素，它们曾被认为是军事机密。

镄是通过中子轰击较轻元素而产生的元素中最重的一种，它的寿命十分短暂。

介 绍

● 镄得名于著名物理学家、“原子能之父”恩利克·费米（Enrico Fermi）。1942 年，国际反法西斯同盟为了第二次世界大战的胜利，决定抢在纳粹德国之前制造出核武器，因此启动了著名的“曼哈顿计划”，由费米领导。费米领导的研究小组成功建立了人类第一台可控核反应堆，进行了第一次由人类控制的链式反应，为第一颗原子弹的成功爆炸奠定了基础。

相对原子质量：（258）
密度：10.3 g/cm³（推测）
熔点：827 ℃（推测）
沸点：未知
元素类别：锕系元素
性质：常温下为银白色金属（推测）

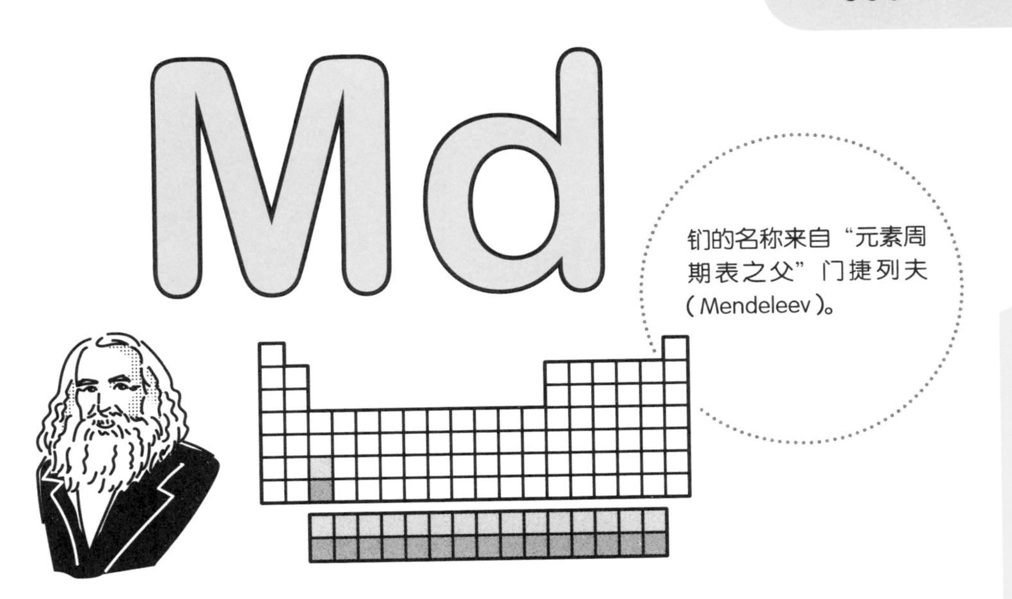

通过中子轰击较轻的元素来生产人造元素的策略，从钔开始不再奏效。钔是由 α 粒子轰击锿元素得到的。

介 绍

● 德米特里·门捷列夫是 19 世纪俄罗斯著名化学家，也是化学史上最为重要的人物之一。他在大量前人实验的基础上，对已发现元素的性质进行整理并修正，归纳了“元素周期律”，并依照相对原子质量制作出了世界上第一张元素周期表。门捷列夫甚至极有远见地为未知元素留出了空位，并对其中一部分元素的性质做出了合理预测。元素周期表对于化学的意义，可以媲美同时代的麦克斯韦方程对于物理学、达尔文进化论对于生物学的意义。

nuò

锘

Nobelium

102 号元素

第七周期

第 ⅢB 族

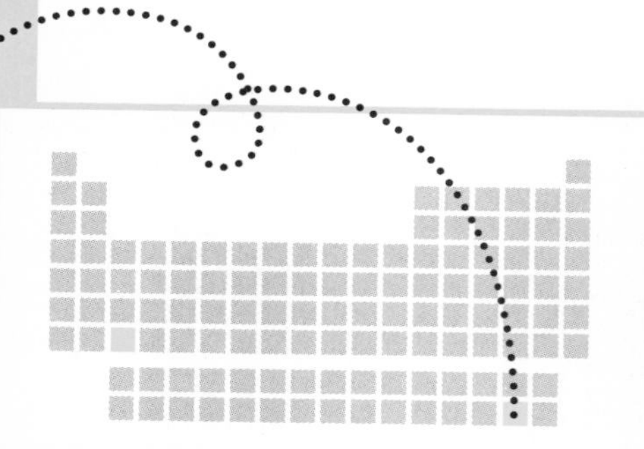

相对原子质量：（259）

密度：9.9 g/cm³（推测）

熔点：827 ℃（推测）

沸点：未知

元素类别：锕系元素

性质：常温下为银白色金属（推测）

锘得名于瑞典科学家诺贝尔（Nobel），他设立了著名的诺贝尔奖。

谁率先发现了 102 号元素锘？这一问题曾引发了美国、苏联和瑞典的研究机构间的多年“恩怨”。最终这一殊荣归于苏联（现为俄罗斯）的杜布纳联合核子研究所。

 介 绍

● 瑞典人阿尔弗雷德·诺贝尔是著名的化学家、发明家和工程师。他不仅是炸药的发明者，在硝化甘油导火线、无声枪炮、金属硬化处理、焊接和人造皮革等诸多领域都做出了卓越的贡献。诺贝尔一生拥有 355 项专利发明，并在 20 个国家开设了约 100 家公司和工厂，积累了巨额财富。他在过世前立下遗嘱，设立诺贝尔奖：将约 920 万美元的大部分遗产作为基金，将每年所得利息奖励给那些“为人类做出最大贡献的人”。诺贝尔慷慨资助人类文明发展的行为，被历史永远地铭记。

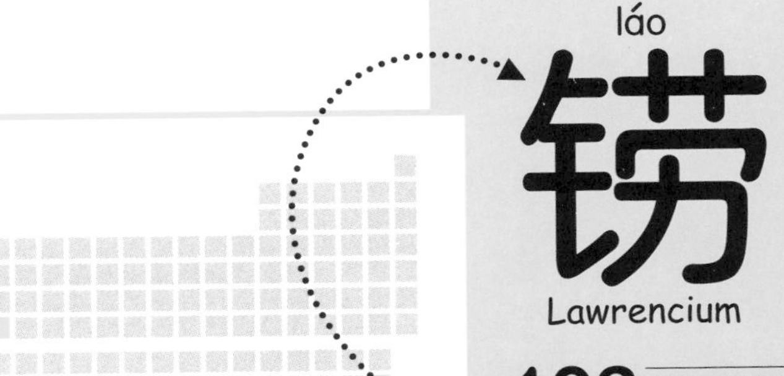

相对原子质量：（266）

密度：15.6~16.6 g/cm³（推测）

熔点：1627 ℃（推测）

沸点：未知

元素类别：锕系元素

性质：常温下为银白色金属（推测）

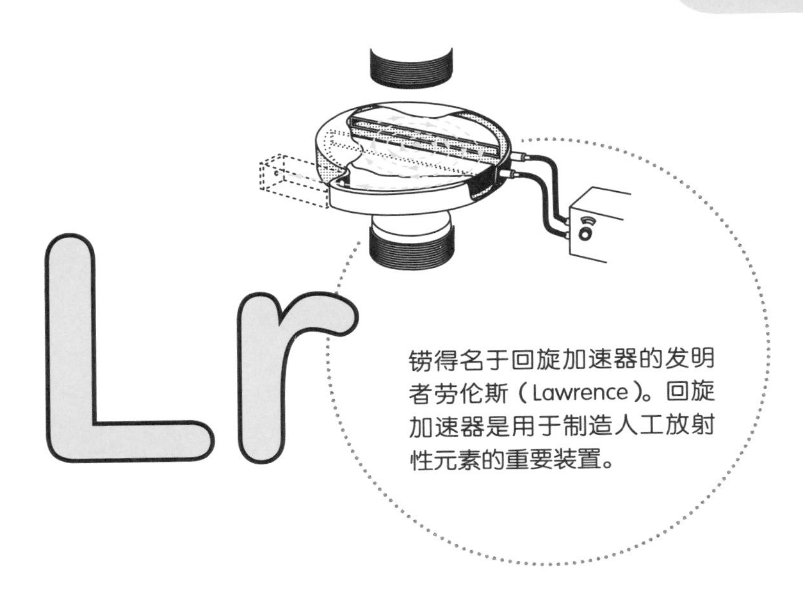

铹是最后一个锕系元素。原子序数大于 103 的元素称为“超铹元素”或“超重元素”。

介 绍

● 美国物理学家欧内斯特·劳伦斯曾在加利福尼亚大学伯克利分校设计并制造了世界上的第一台回旋加速器，并因此获得 1939 年的诺贝尔物理学奖。回旋加速器可通过磁场和电场的共同作用，使带电粒子做回旋运动，并由高频电场使其不断加速。科学家们利用这一装置，将高能粒子作为“炮弹”轰击已知元素的原子核，成功合成了大量新元素，包括 43 号元素锝、85 号元素砹以及一系列的超铀元素。鉴于劳伦斯的卓越贡献，103 号元素铹、美国的劳伦斯伯克利国家实验室和劳伦斯利弗莫尔国家实验室，都是为纪念他而得名。

lú

铲

Rutherfordium

104 号元素　第七周期　第 IVB 族

相对原子质量：（267）

密度：23.2 g/cm^3（推测）

熔点：2100 ℃（推测）

沸点：5500 ℃（推测）

元素类别：超锕元素

性质：常温下为金属（推测）

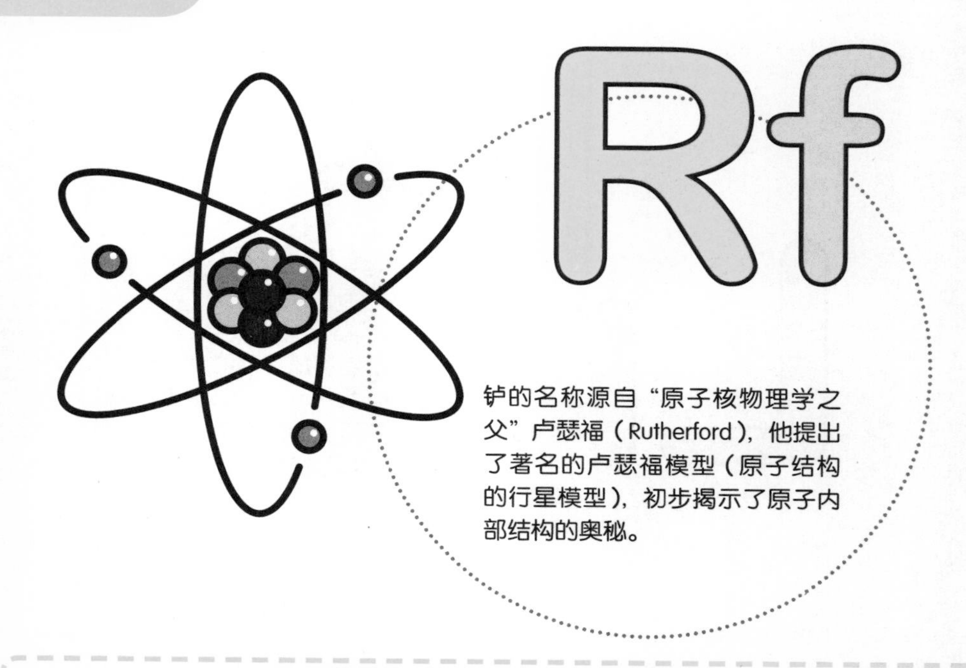

铲的名称源自“原子核物理学之父”卢瑟福（Rutherford），他提出了著名的卢瑟福模型（原子结构的行星模型），初步揭示了原子内部结构的奥秘。

第一个超锕元素铲被排入第 IVB 族。经实验证实，它确实是铪的同系物。

介 绍

● 英国科学家欧内斯特 · 卢瑟福在 1902 年提出了革命性的理论：放射性可使一种原子转变为另一种原子。这一理论打破了“元素不会变化”的传统观念，卢瑟福因此获得了 1908 年的诺贝尔化学奖。除此之外，他通过 α 粒子散射实验，提出了著名的卢瑟福模型：原子的质量几乎全部集中在直径很小的原子核区域内，电子则在原子核外绕核做轨道运动，就如同行星围绕着太阳旋转。这一发现将人们对于原子结构的认识引上了正确的轨道。

相对原子质量：（268）
密度：$29.3\ g/cm^3$（推测）
熔点：未知
沸点：未知
元素类别：超锕元素
性质：常温下为金属（推测）

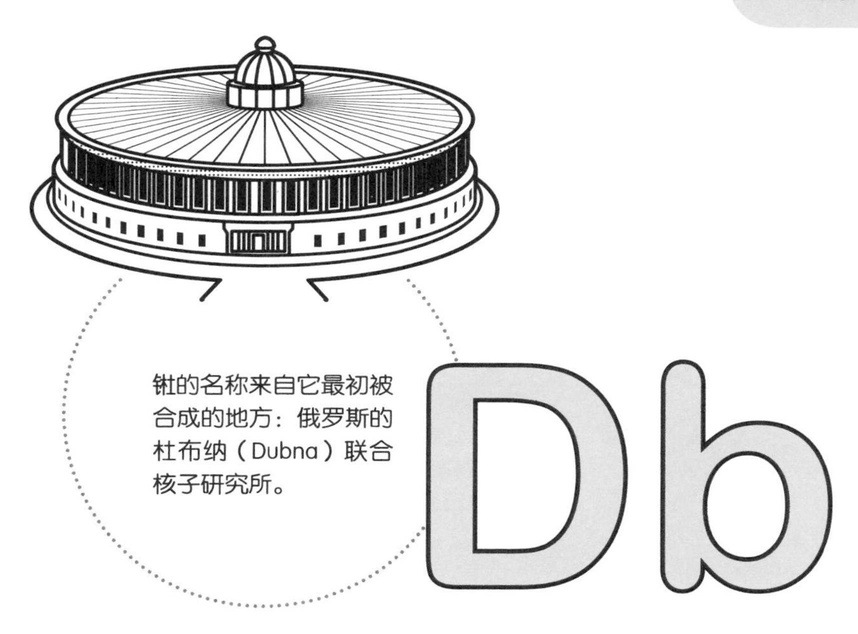

105 号元素的命名权曾在美国和苏联两国的研究机构间出现过争议。最终，1996 年，105 号元素才被正式命名为“钍”，但此时苏联的大部分遗产已被俄罗斯所继承。

介 绍

● 在美国和苏联的冷战期间，两国的科学家也曾展开了新的超重元素的合成竞赛，历史上被称为“超镄元素战争”（Transfermium Wars）。

● 世界上有三大人工合成元素的重要基地，它们分别是俄罗斯的杜布纳联合核子研究所、德国的达姆施塔特重离子研究中心以及美国的劳伦斯伯克利国家实验室。杜布纳联合核子研究所以合成或者合作的方式，几乎涉及了所有 100 号以后的元素的研究工作，在人造元素领域取得了举世瞩目的成绩。

106 号元素 第七周期 第 VIB 族

相对原子质量：（269）

密度：35.0 g/cm³（推测）

熔点：未知

沸点：未知

元素类别：超锕元素

性质：常温下为金属（推测）

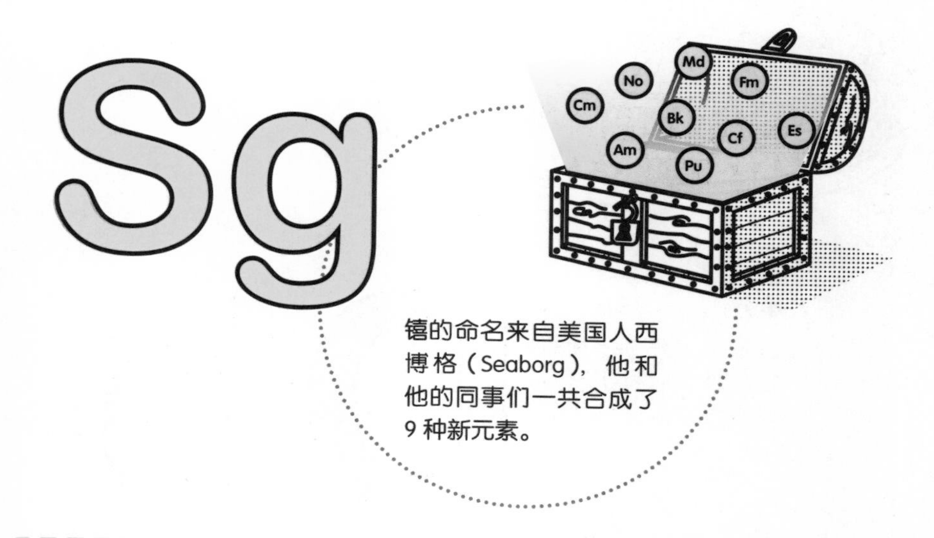

镱的命名来自美国人西博格（Seaborg），他和他的同事们一共合成了9 种新元素。

镱是有史以来第一个以当时在世者名字命名的元素。

介 绍

● 格伦 · 西博格是 1951 年诺贝尔化学奖得主，曾任加利福尼亚大学伯克利分校校长。他在超铀元素合成领域做出了重要的贡献。他和阿伯特 · 吉奥索等人利用回旋加速器，人工合成了 94 号到 102 号共 9 种新元素，其中包括对核武器发展具有重要作用的钚。西博格的另一个重要的贡献是提出了锕系理论，他在 1944 年预言了这些重元素的化学性质和在元素周期表中的位置，并指出锕和比锕重的连续 14 个元素在元素周期表中属于同一个系列。

相对原子质量：（270）
密度：37.1 g/cm^3（推测）
熔点：未知
沸点：未知
元素类别：超锕元素
性质：常温下为金属（推测）

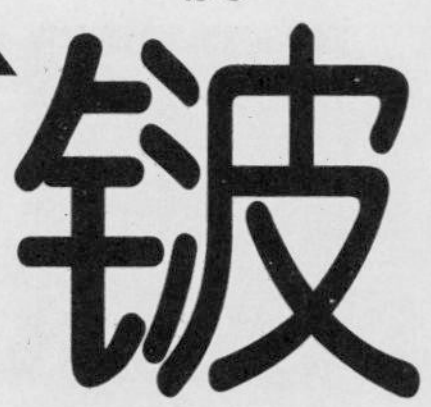

107 号元素 第七周期 第 VIIB 族

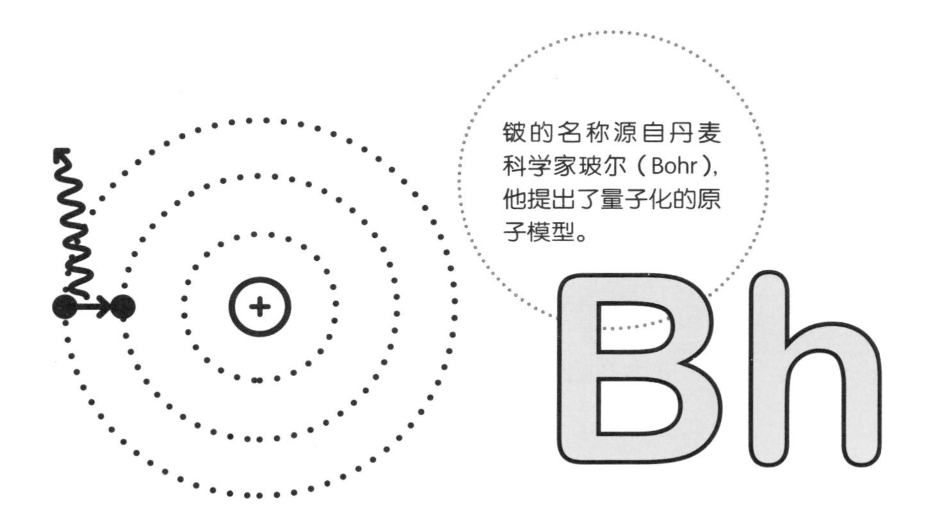

锇的名称源自丹麦科学家玻尔（Bohr），他提出了量子化的原子模型。

科学家们曾热化了 6 个锇原子，与 HCl/O_2 混合物反应，形成一种具挥发性的氯氧化物。

介 绍

● 1922 年诺贝尔物理学奖获得者尼尔斯·玻尔将卢瑟福模型和普朗克的“量子理论”结合起来，提出了著名的“玻尔理论”，成功地解释了氢原子的光谱规律。玻尔认为，氢原子具有确定的、量子化的能级，并假设核外电子只有从一个允许能级向另一个较低能级跃迁时才辐射能量，原子也只能以量子化的形式吸收能量。这一发现正确预言了原子中的电子按一定的壳层分层排布，为揭示元素周期表的奥秘打下了基础，也使化学和物理两个学科在原子结构层面的探索中开始变得密不可分。

hēi

𬭶

Hassium

108 号元素 第七周期 第 VIII 族

相对原子质量：（269）
密度： 41 g/cm³（推测）
熔点： 未知
沸点： 未知
元素类别： 超锕元素
性质： 常温下为金属（推测）

科学家们预测镙将是一种极其致密的金属，可惜现有技术尚不能合成足量的样品来验证这一猜测。

介 绍

● 科学家们发现，在质子数和中子数为某些特定数值的时候，原子核会特别稳定，这些数被称为“幻数”。目前常见幻数有 2、8、20、28、50、82、126 等。具有质子数和中子数均为幻数的“双幻数”原子核的元素，如氧-16（质子数为 8、中子数为 8）和铅-208（质子数为 82、中子数为 126）就表现出极好的稳定性。此外，质子和中子还有一些单独的幻数，比如 108 是质子幻数，162 是中子幻数。科学家们正在探索质子数为 108 的镙存在超稳定同位素的可能性，寻找是否有不容易衰变的超重元素。

第七周期

相对原子质量：（278）

密度：37.4 g/cm³（推测）

熔点：未知

沸点：未知

元素类别：超锕元素

性质：常温下为金属（推测）

109 号元素 第七周期 第 VIII 族

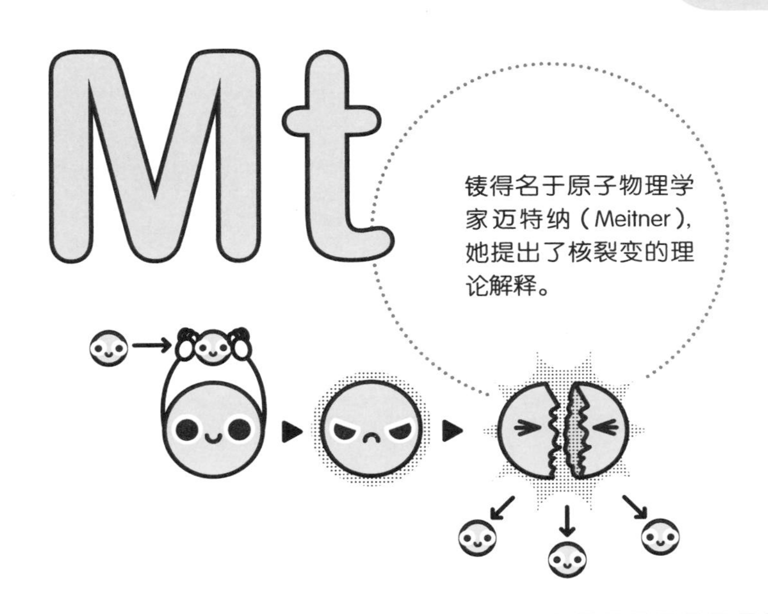

鿏被推测为一种高熔点的金属，它的耐腐蚀性可能比铱更好。

介 绍

● 莉泽·迈特纳是德国历史上第一位女性物理学教授。她自 1909 年起便与哈恩一起进行放射性元素的研究，曾共同发现了 91 号元素镤的同位素镤-231。1938 年，哈恩向迈特纳提及所发现的“铀核破裂”现象并询问意见。迈特纳认为，裂变后的原子核总质量比裂变前的要小。根据爱因斯坦质能方程 $E=mc^2$，这一小小质量差会转换成巨大的能量。一年之后，迈特纳与合作者发表论文，首次提出了“核裂变”的理论解释，这就是原子弹和原子能的理论基础。

dá

𫟼

Darmstadtium

110 号元素

第七周期
第 VIII 族

相对原子质量：（281）
密度：34.8 g/cm³（推测）
熔点：未知
沸点：未知
元素类别：超锕元素
性质：常温下为金属（推测）

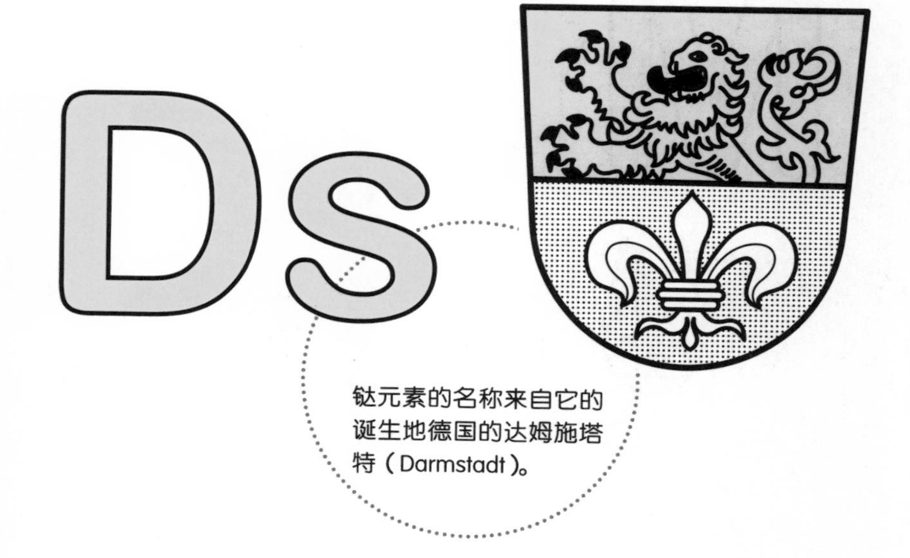

𫟼元素的名称来自它的诞生地德国的达姆施塔特（Darmstadt）。

包括中国、德国在内不少国家的报警电话是 110，因此 110 号元素𫟼有个别名为“警察元素”（policium）。

介 绍

● 达姆施塔特重离子研究所是由联邦德国于1969年建立的，它位于德国黑森州的达姆施塔特市。该研究所的研究领域包括等离子体物理、原子物理、核物理和核反应等。元素周期表中，总共有包括 107 号𬭛、108 号𬭶、109 号鿏、110 号𫟼、111 号𬬭和 112 号鿔在内的 6 种元素是达姆施塔特重离子研究所合成的。

相对原子质量：（282）
密度：28.7 g/cm^3（推测）
熔点：未知
沸点：未知
元素类别：超锕元素
性质：常温下为金属（推测）

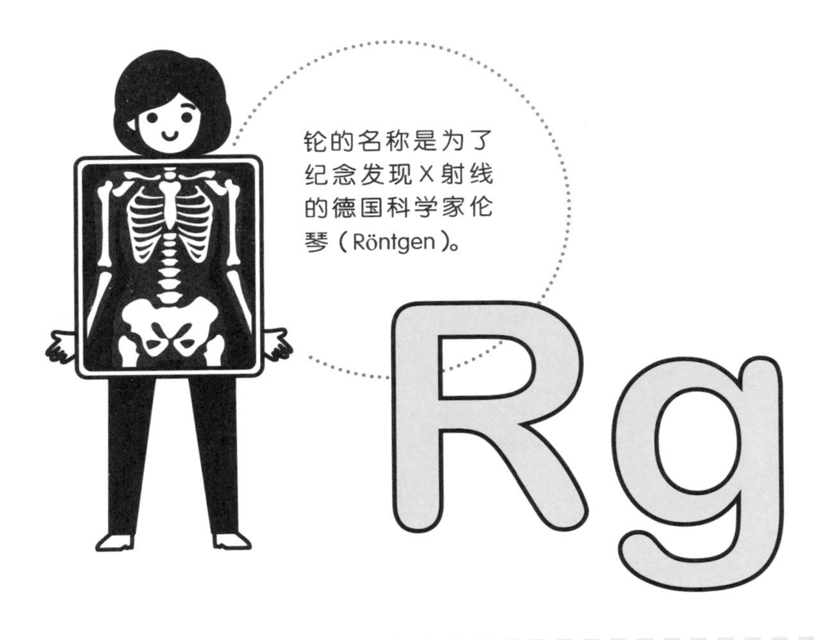

111号元素铊于1994年被发现，此时恰好距离伦琴发现X射线100周年。

介 绍

● 1901年，德国科学家威廉·伦琴因发现X射线成为第一位诺贝尔物理学奖获得者。获奖后，伦琴将全部奖金捐给他所就职的维茨堡大学，并拒绝接受与X射线有关的专利——他希望全人类都可以从X射线的应用中获益。人们为了纪念这位伟大的科学家，将X射线称为“伦琴射线”，又以他的名字命名新元素，并将X射线照射剂量单位也定为“伦琴”。

gē

镉

Copernicium

112 号元素 第七周期 第 IIB 族

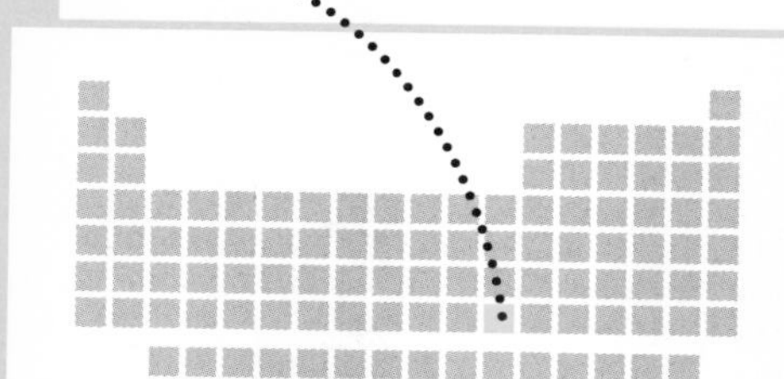

相对原子质量：（285）

密度：14.0 g/cm^3（推测）

熔点：（10 ± 11）℃（推测）

沸点：（67 ± 10）℃（推测）

元素类别：超锕元素

性质：常温、常压下为气体或挥发性液体（推测）

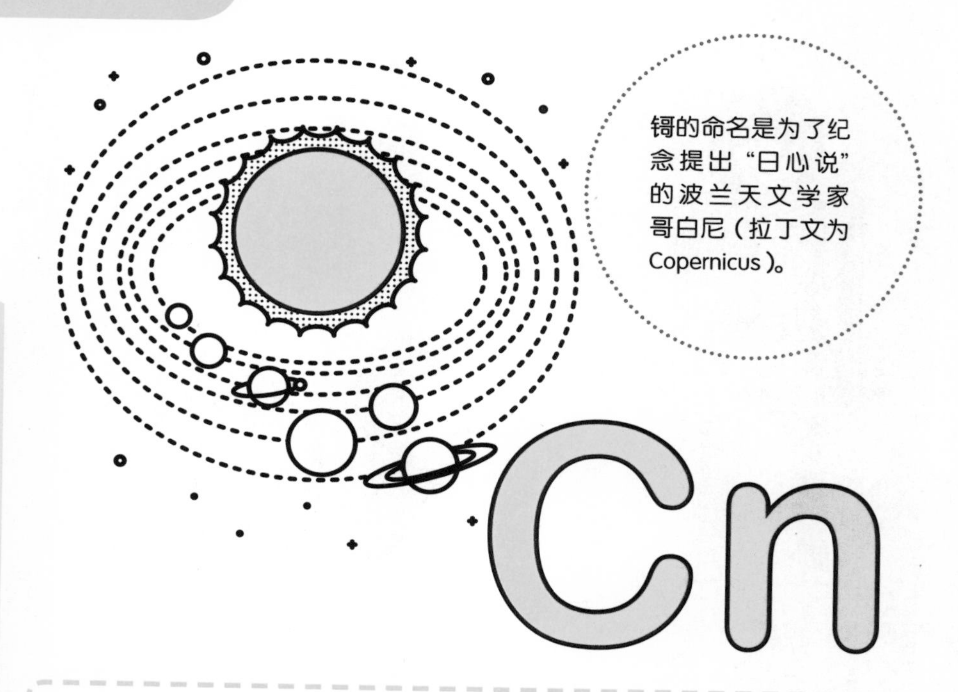

镉的命名是为了纪念提出“日心说”的波兰天文学家哥白尼（拉丁文为 Copernicus）。

2007 年，科学家们对合成的三个镉原子进行研究发现：镉可以与金形成化合物，具有第 IIB 族元素的性质。

介 绍

● 112 号元素的名称是为了纪念天文学家尼古拉·哥白尼。虽然哥白尼对化学元素或放射性的研究并没有实质性的贡献，但人们纪念他是因为“他改变了我们对世界的看法”。在哥白尼提出“日心说”之前的 1000 多年中，人们相信天上日月星辰围绕地球运转的“地心说”。哥白尼却在科学观测的基础上，提出了地球绕太阳旋转的“日心说”，帮助世人建立起了对自然的客观认知。

相对原子质量：（286）

密度：16 g/cm³（推测）

熔点：430 ℃（推测）

沸点：1130 ℃（推测）

元素类别：超锕元素

性质：常温下为固体（推测）

113 号元素鿭由日本科学家森田浩介等人合成并证明，这是亚洲首次获得发现新元素的殊荣。

介绍

● 元素的中文命名要求一边为声旁，表示该元素的读音；另一边表示单质在常温下的状态：“气”代表气态，“氵”代表液态，“钅”和“石”分别代表固态的金属和非金属。在确定 113 号元素的中文名称时，学者们一度建议使用“钼”，为了和“日”的读音一致。但这一名称最终未被采纳，主要因为“钼”的发音违背了元素中文名需类似英文读音的原则；而且“钼”的写法与钼相似，易造成混淆。最终选择了“鿭”作为 113 号元素的名称，因为“鿭”的读音来自“你”，与“nihonium”的第一个音节相合，也能够避免与其他元素混淆的问题，是兼具科学性和实用性的最优选择。

fū

𫓧

Flerovium

114 号元素

第七周期

第 ⅣA 族

相对原子质量：（289）

密度： 14 g/cm³（推测）

熔点： 未知

沸点： 未知

元素类别： 超锕元素

性质： 常温下为气体（推测）

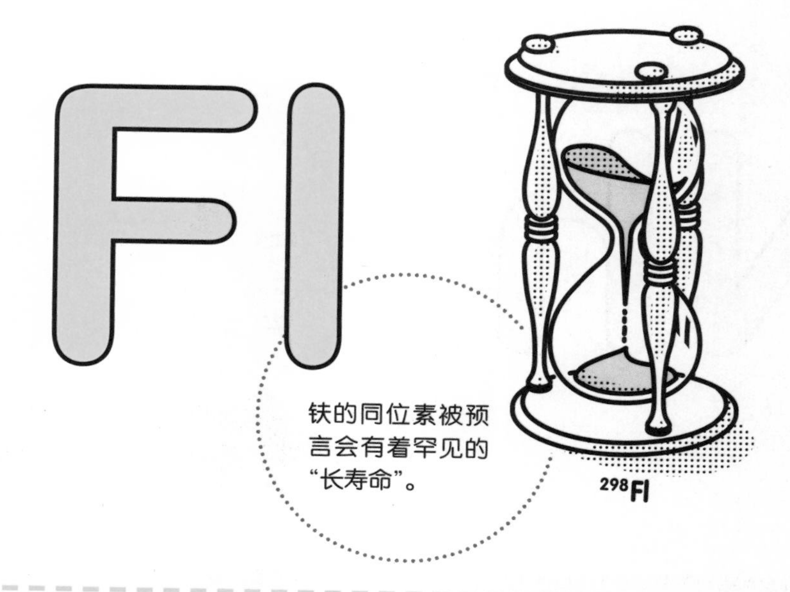

114 号元素被命名为𫓧，以纪念苏联核物理学家弗廖罗夫（Flyorov）。

介　绍

● 格奥尔基 · 弗廖罗夫是苏联时期的核物理学家，他建立了弗廖罗夫核子实验室，并领导杜布纳联合核子研究所合成发现了包括𬭊和𬭳在内的新元素。此外，弗廖罗夫还与合作者一起发现了铀核的“自发裂变”现象。他们指出，即使没有外来的中子轰击等因素，铀也会极慢地发生裂变。

● 理论预测，质子数为 114，中子数为 184 的𫓧-298 很可能成为下一个能够稳定存在的“双幻数”元素，有着较长的半衰期。虽然这个同位素尚未被合成，但𫓧-289 的衰变已然比元素周期表中邻近元素要慢得多。

mò

镆

Moscovium

115 号元素 第七周期 第 VA 族

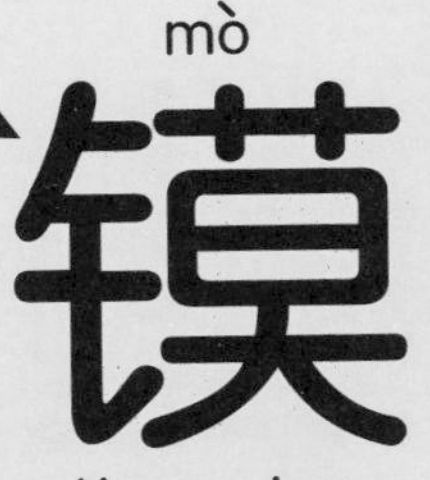

相对原子质量：（289）

密度：13.5 g/cm³（推测）

熔点：400 ℃（推测）

沸点：约 1100 ℃（推测）

元素类别：超锕元素

性质：常温下为固体金属（推测）

镆是由俄罗斯和美国的联合研究团队协同合成发现的。原子序数越大的元素，合成难度就越高，往往需借助多方合作的力量。

介 绍

● 原子序数大于 103 的超重元素都无法在自然界中找到，只能依赖人工合成。超重元素的人工合成极其昂贵，产量只能按原子个数计，而且它们还会“昙花一现”地极快衰变，但科学家们仍然不懈地坚持超重元素的合成研究。这其中的意义在于：超重元素的合成过程能帮助我们进一步了解原子核内部的运行机制，这是物质世界的终极奥秘之一。如果有朝一日能获得稳定的超重元素，它非比寻常的性质就有机会推动科技革命性地发展。

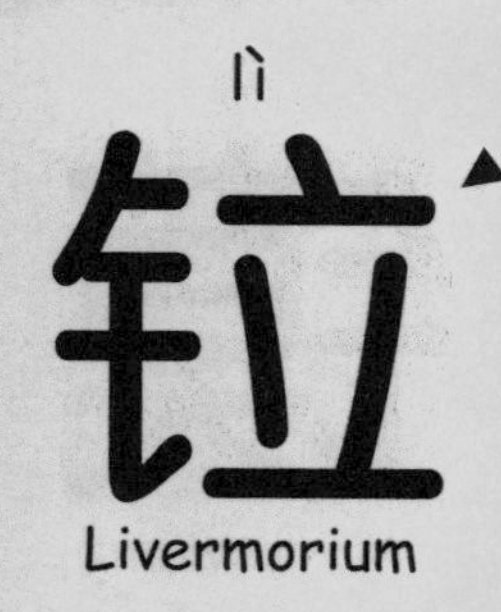

116 号元素

第七周期
第 VIA 族

相对原子质量：（293）
密度：12.9 g/cm³（推测）
熔点：364~507 ℃（推测）
沸点：762~862 ℃（推测）
元素类别：超锕元素
性质：常温形态未知

钆于 2000 年第一次被发现，至今已有约 30 个原子被成功制造。

介 绍

● 1999 年，美国劳伦斯伯克利实验室曾率先宣布成功合成了 116 号和 118 号元素。但由于其他实验室无法重复他们的实验结果，并且连他们自己也未能重现这些数据，最终，发现新元素的论文被撤回。事后调查发现，论文的主要作者捏造了实验数据。最终，真正制造出 116 号元素的是美国劳伦斯利弗莫尔国家实验室和俄罗斯杜布纳联合核子研究所。学术造假不仅会损害声誉，更会为科学发展带来极大的负面影响。科学研究可以允许失败，但绝不能容忍造假。

117 号元素

第七周期
第 VIIA 族

相对原子质量：（294）

密度： 7.1~7.3 g/cm³（推测）

熔点： 350~550 ℃（推测）

沸点： 610 ℃（推测）

元素类别： 超锕元素

性质： 常温形态未知

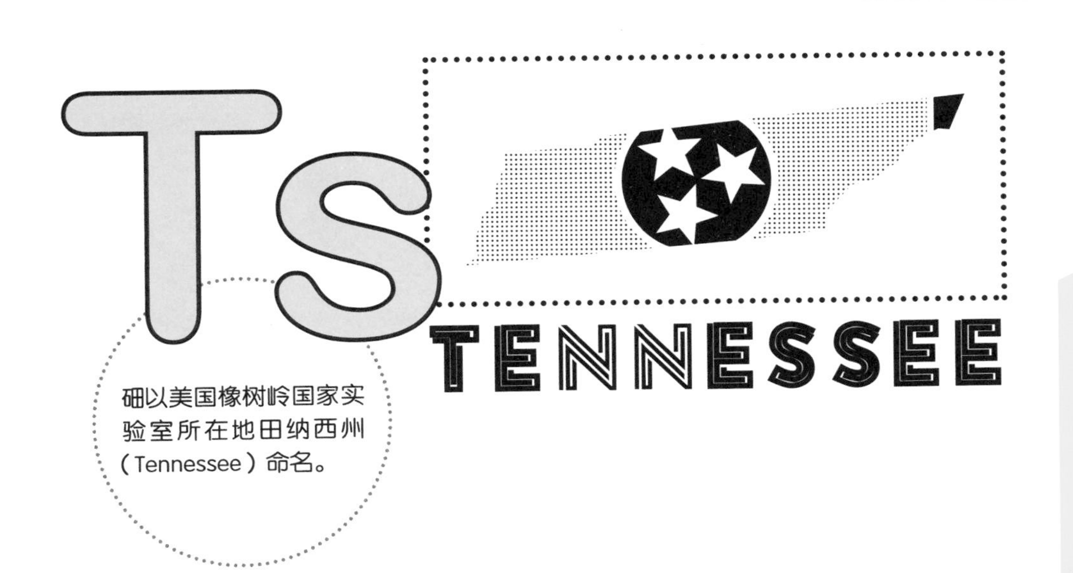

117 号元素砳直到 2009 年才被成功合成，是第七周期里最晚被制造的元素。

介绍

● 117 号元素砳是由美国橡树岭国家实验室和俄罗斯杜布纳联合核子研究所等机构合作发现的。美国橡树岭国家实验室的核物理研究传统可以追溯到二战期间。1942 年，美国启动了“曼哈顿计划”，其中涉及三个原子弹秘密研究中心。第一个是位于田纳西州的橡树岭国家实验室，主要负责生产和分离铀和钚；第二个是华盛顿州的汉福特工厂，主要负责建造核反应堆；第三个是在新墨西哥州的洛斯阿拉莫斯实验室，主要负责原子弹的设计和制造。

ào 鿫 Oganesson

118 号元素　第七周期　0族

相对原子质量：（294）
密度： 6.6~7.4 g/cm³（推测）
熔点：（52±15）℃（推测）
沸点：（177±10）℃（推测）
元素类别： 超锕元素
性质： 常温形态未知

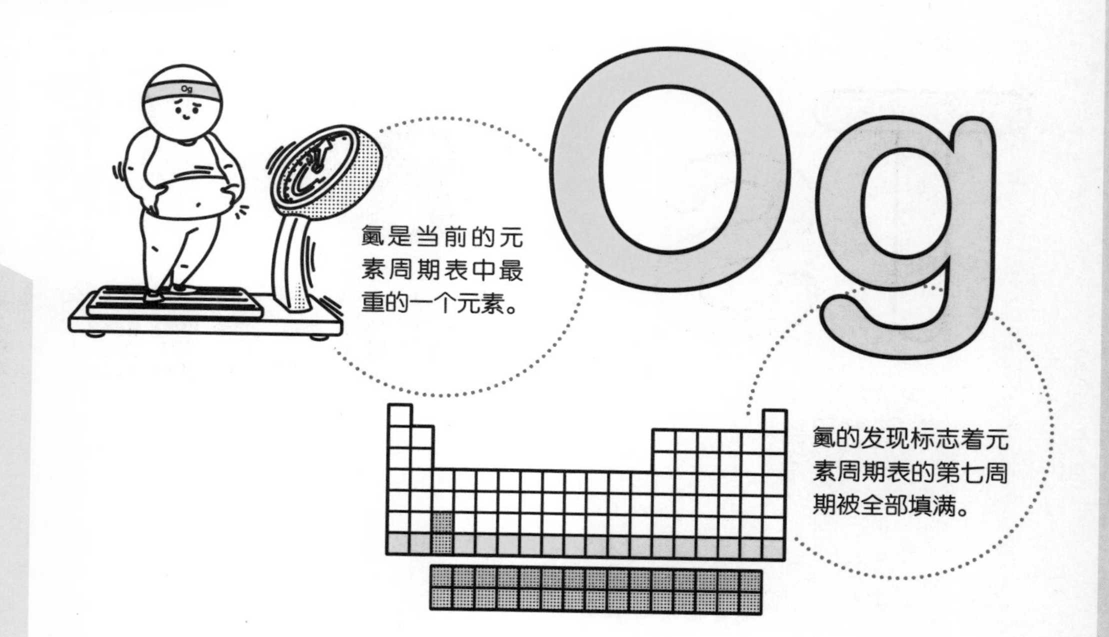

鿫是目前元素周期表中的最后一个元素。

介　绍

● 鿫是第二个以在世者命名的元素，它的命名是为了致敬俄罗斯核物理学家尤里·奥加涅相（Yuri Oganessian）。奥加涅相是继弗廖罗夫之后的俄罗斯杜布纳联合核子研究所的核反应实验室主任，他曾领导合成了 6 种新的化学元素。

● 元素周期表的尽头是不是 118 号元素鿫呢？有的科学家预测将是 137 号元素，也有的预测将是 155 号元素，等等。虽然我们尚不得而知，但元素世界远端的神秘面纱一定会随着科技的进步被慢慢揭开。

重 点
总 结

元素周期表

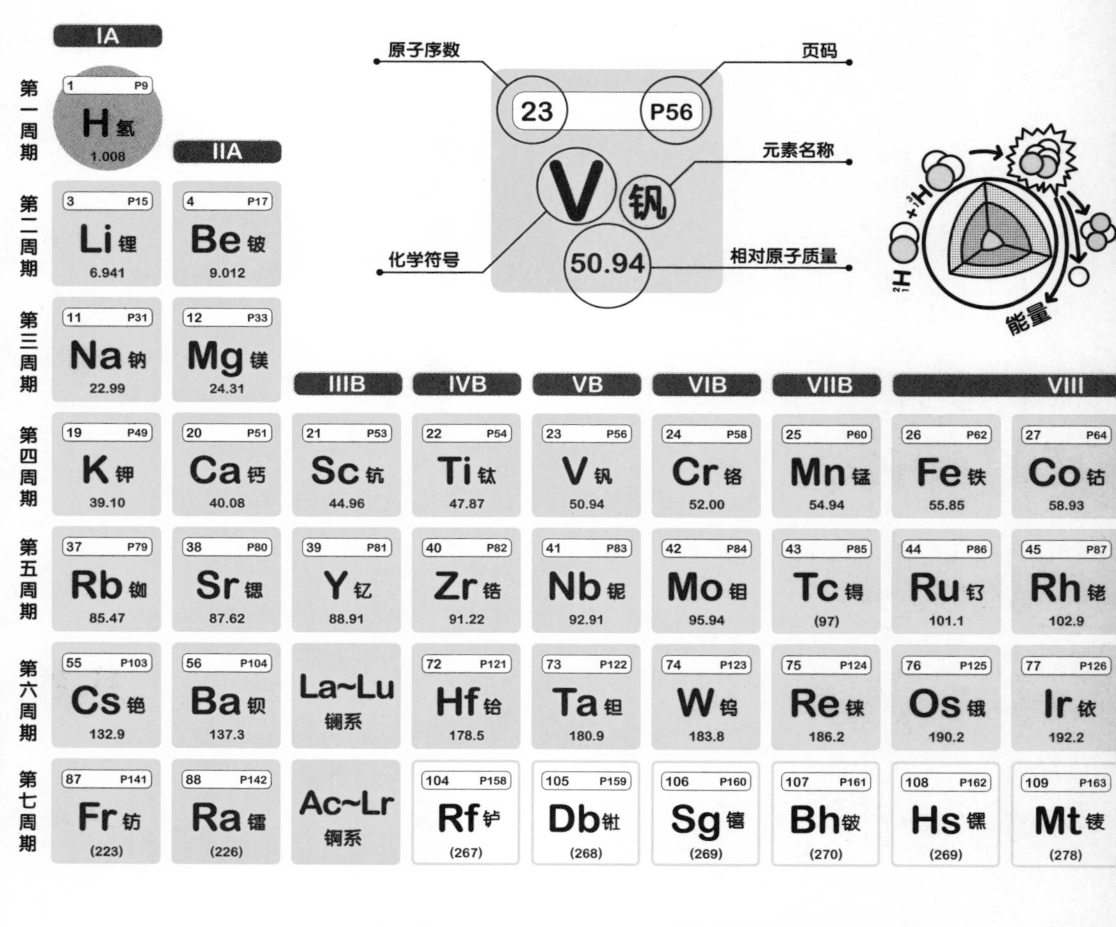

	IA	IIA	IIIB	IVB	VB	VIB	VIIB	VIII
第一周期	1 P9 H 氢 1.008							
第二周期	3 P15 Li 锂 6.941	4 P17 Be 铍 9.012						
第三周期	11 P31 Na 钠 22.99	12 P33 Mg 镁 24.31						
第四周期	19 P49 K 钾 39.10	20 P51 Ca 钙 40.08	21 P53 Sc 钪 44.96	22 P54 Ti 钛 47.87	23 P56 V 钒 50.94	24 P58 Cr 铬 52.00	25 P60 Mn 锰 54.94	26 P62 Fe 铁 55.85 / 27 P64 Co 钴 58.93
第五周期	37 P79 Rb 铷 85.47	38 P80 Sr 锶 87.62	39 P81 Y 钇 88.91	40 P82 Zr 锆 91.22	41 P83 Nb 铌 92.91	42 P84 Mo 钼 95.94	43 P85 Tc 锝 (97)	44 P86 Ru 钌 101.1 / 45 P87 Rh 铑 102.9
第六周期	55 P103 Cs 铯 132.9	56 P104 Ba 钡 137.3	La~Lu 镧系	72 P121 Hf 铪 178.5	73 P122 Ta 钽 180.9	74 P123 W 钨 183.8	75 P124 Re 铼 186.2	76 P125 Os 锇 190.2 / 77 P126 Ir 铱 192.2
第七周期	87 P141 Fr 钫 (223)	88 P142 Ra 镭 (226)	Ac~Lr 锕系	104 P158 Rf 𬬻 (267)	105 P159 Db 𬭊 (268)	106 P160 Sg 𬭳 (269)	107 P161 Bh 𬭛 (270)	108 P162 Hs 𬭶 (269) / 109 P163 Mt 鿏 (278)

镧系	57 P106 La 镧 138.9	58 P107 Ce 铈 140.1	59 P108 Pr 镨 140.9	60 P109 Nd 钕 144.2	61 P110 Pm 钷 (145)	62 P111 Sm 钐 150.4	63 P112 Eu 铕 152.0
锕系	89 P143 Ac 锕 (227)	90 P144 Th 钍 232.0	91 P145 Pa 镤 231.0	92 P146 U 铀 238.0	93 P147 Np 镎 (237)	94 P148 Pu 钚 (244)	95 P149 Am 镅 (243)

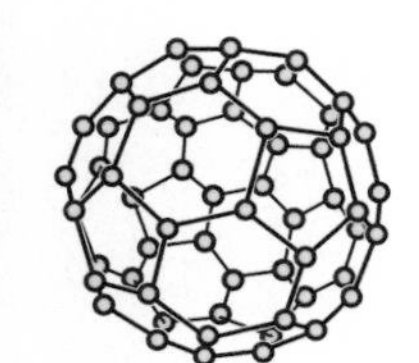

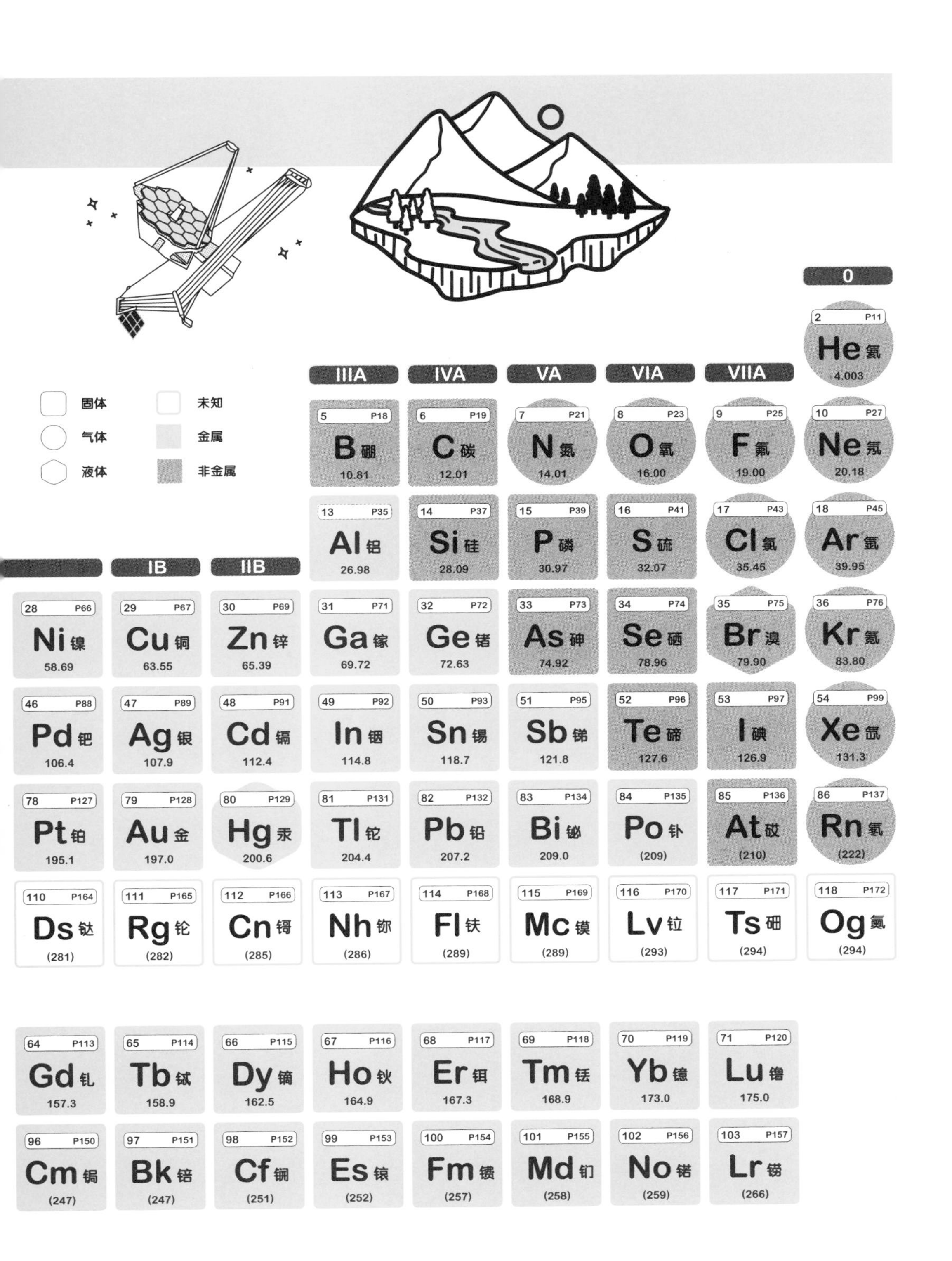

- 不稳定的放射性元素的相对原子质量带有括号，括号内的数值为该元素最长寿命同位素的质量数。
- 第 104 ～第 118 号元素的物态以及金属或非金属的状态未知。